国家林业和草原局职业教育"十三五"规划教材

家具结构设计

杨静 龙大军 陈慧敏 ◎ 主编

FURNITURE DRAWING AND CAD

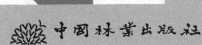
中国林业出版社
China Forestry Publishing House

内容简介

本教材包括认识家具制作材料、实木家具结构设计、板式家具结构设计、其他类型家具结构设计和家具结构制图规范与图样表达 5 个部分。采用"模块—项目—任务"的体例进行编写，主要介绍家具制作结构材料、装饰材料、辅助材料；实木家具常见的接合方式和基本部件结构设计，实木椅类、桌类家具结构设计；板式家具的接合方式和柜类家具的局部典型结构，板式衣柜结构设计；软体家具的原辅材料，沙发、床垫结构设计；金属家具的主要材料和结构设计；家具产品设计流程与图样表达，家具结构制图规范和实践。

本教材可作为高等职业院校家具设计与制造、木业产品设计与制造及相关专业的教材，也可作为生产企业工程技术人员的参考书。

图书在版编目（CIP）数据

家具结构设计 / 杨静，龙大军，陈慧敏主编. —北京：中国林业出版社，2022.8（2024.8 重印）
国家林业和草原局职业教育"十三五"规划教材
ISBN 978-7-5219-1739-0

Ⅰ.①家… Ⅱ.①杨… ②龙… ③陈… Ⅲ.①家具—结构设计—高等职业教育—教材　Ⅳ.①TS664.01

中国版本图书馆 CIP 数据核字(2022)第 110438 号

中国林业出版社·教育分社

策划编辑：杜　娟　田夏青　　　责任编辑：田夏青
电　　话：010-83143529　　　　传　　真：010-83143516

出版发行	中国林业出版社（100009　北京市西城区刘海胡同 7 号）
	E-mail: jiaocaipublic@163.com
	http://www.forestry.gov.cn/lycb.html
印　刷	北京中科印刷有限公司
版　次	2022 年 8 月第 1 版
印　次	2024 年 8 月第 2 次印刷
开　本	787mm×1092mm　1/16
印　张	12.25
字　数	336 千字（含数字资源 30 千字）
定　价	49.00 元

未经许可，不得以任何方式复制或抄袭本书之部分或全部内容。

版权所有　侵权必究

编写人员

主　　编：杨　静　龙大军　陈慧敏

编写人员：（按姓氏拼音排序）

　　　　　陈慧敏　江苏农林职业技术学院

　　　　　陈伟红　云南林业职业技术学院

　　　　　陈　臻　江西环境工程职业学院

　　　　　龙大军　广西生态工程职业技术学院

　　　　　杨　静　江苏农林职业技术学院

　　　　　翟　艳　山西林业职业技术学院

　　　　　朱宇锭　浙江农林大学

前言

"家具结构设计"是高职高专家具设计与制造及其相关专业学生必修的一门专业主干课程。本教材从高等职业教育人才培养目标和教学改革的实际出发,立足基础知识学习"必需、够用、适度"、岗位技能培养"实际、实用、实战"的原则,重点突出了木质家具,形成了涵盖家具结构设计能力培养所应知应会的知识结构和技能体系。

本教材采用"模块—项目—任务"的体例进行编写,包括认识家具制作材料、实木家具结构设计、板式家具结构设计、其他类型家具结构设计、家具结构制图规范与图样表达五大模块。每个模块至少包含2个项目,每个项目至少包含2个任务,每个任务又分为学习目标、工作任务、知识要点、任务实施、课后练习五个部分。主要内容包括家具制作结构材料、装饰材料、辅助材料;实木家具常见的接合方式和基本部件结构设计,实木椅类、桌类家具结构设计;板式家具的接合方式和柜类家具的局部典型结构,板式衣柜结构设计;软体家具的原辅材料,沙发、床垫结构设计;金属家具的主要材料和结构设计;家具产品设计流程与图样表达,家具结构制图规范和实践。教材结构上循序渐进,内容上由浅入深,以任务驱动进行编排,图文并茂、深入浅出的将理论知识全部揉进家具结构设计实践中,力求满足家具行业企业对技术技能型人才需求的目的。

本教材可作为高职高专院校家具设计与制造、木业产品设计与制造、雕刻艺术与家具设计、室内设计技术、环境艺术设计、装饰艺术设计等相关专业的教材,也可作为成人教育相关专业和家具设计师职业培训的教材。同时,也可供广大家具设计人员自学使用。

本教材由家具结构设计及相关课程主讲教师合作编写完成,杨静负责制订编写大纲,设计内容体系,编写具体分工如下:陈伟红编写第一模块,龙大军编写第二模块,陈慧敏编写第三模块项目一,杨静编写第三模块项目二、三,朱宇锭编写第四模块项目一,陈臻编写第四模块项目二,翟艳编写第五模块。全书由杨静负责统稿。

本教材在编写过程中参考了相关专家和学者的文献资料,同时得到了亚振家居、北美枫情木家居、美克家具、澳美森家具和中国林业出版社的大力支持,在此一并表示衷心的谢意。

由于编者水平有限,不妥之处在所难免,敬请专家、学者以及使用本教材的老师和同学们批评指正,以便进一步修订。

编　者

2022年4月

目录

前言

走进课程 001

模块一　认识家具制作材料 005

   项目一　家具制作结构材料 006
      任务一　认识木质材料 006
      任务二　认识非木质材料 019
   项目二　家具制作装饰及辅助材料 027
      任务一　认识涂料、贴面材料、蒙面材料 027
      任务二　认识胶黏剂、五金配件 032

模块二　实木家具结构设计 035

   项目一　实木家具接合 036
      任务一　理解实木家具常见的接合方式 036
      任务二　榫接合结构设计 040
      任务三　实木家具基本部件结构设计 054
   项目二　实木家具典型结构设计 065
      任务一　实木椅类家具结构设计 065
      任务二　实木桌类家具结构设计 068

模块三　板式家具结构设计 071

   项目一　板式家具接合 072
      任务一　理解板式家具固定连接结构 072
      任务二　理解板式家具的活动连接结构 078
   项目二　板式柜类家具的局部典型结构 084
      任务一　旁板与顶（面）板、底板、搁板的接合 084

    任务二 脚架结构 090
    任务三 其他典型结构 094
  项目三 板式柜类家具结构设计 103
    任务一 认识"32mm 系统" 103
    任务二 板式衣柜结构设计 108

模块四 其他类型家具结构设计 117

  项目一 软体家具结构设计 118
    任务一 认识软体家具的原辅材料 118
    任务二 沙发结构设计 125
    任务三 床垫结构设计 131
  项目二 金属家具结构设计 139
    任务一 认识金属家具的类型和主要材料 139
    任务二 金属家具的结构和连接形式 146

模块五 家具结构制图规范与图样表达 157

  项目一 家具产品图样表达与制图规范 158
    任务一 认识家具产品设计流程与图样表达 158
    任务二 理解家具结构设计制图规范 163
  项目二 家具结构制图实践 172
    任务一 掌握榫结合和连接件画法 172
    任务二 家具结构设计制图实践 182

参考文献 188

一、家具结构设计的任务与目的

家具结构设计是家具设计工作的一个重要组成部分，属于家具设计中技术设计的范畴。它以造型设计为基础，一方面对造型设计加以修改、完善和补充；另一方面提出使造型设计得以完全实现的技术条件和技术措施。因此，家具结构设计是家具设计与家具制造两个核心过程联结的纽带。如果说家具造型设计更多的是从艺术设计的角度出发，使设计出的产品更合理和更具有艺术性，那么结构设计则主要是从技术角度出发，针对家具生产过程中的各种生产条件和技术因素，如材料、设备、配件等的现状，探讨出实现各种造型的可能性，并最终加以实施。由此可见，家具结构设计的任务主要反映在以下两个方面：对造型设计方案进行技术审视，肯定合理的形式，从而使造型设计更具科学性；对可能实现的各种造型形式进行技术分析，并提出合理的技术措施，制定准确而详细的技术条件和规范，使造型设计方案进一步转化为现实。

家具结构设计的目的非常明确，即在维护造型设计思想的基础上，制造出合格的产品。

为达到此目的，必须具备以下条件：

一是充分理解造型设计的设计思想，使造型设计的构思贯穿于制造过程的始终，维护产品艺术设计构思的一致性和一贯性。如某产品在造型特征上强调的是形体的轻巧简练和材料的强度特性，那么，在进行结构设计时就决不能采用粗笨的形式和庞大的连接件。

二是充分熟悉下列家具制造行业的各种技术条件，以保证结构设计能有效实现：

①设备。不同类型设备能进行何种加工，加工的精度有多高，生产效率怎样，表面质量如何等。

②材料。材料的特性包括加工特性和强度特性，能进行何种加工，加工质量如何，如果市场上一时找不到图纸上要求的材料，是否可选用其他替代材料，替代材料和要求材料有何异同，替代材料是否符合原设计要求，是否能达到原设计之艺术效果等。

③工艺。对家具零部件的加工和装饰所要采用的方法、步骤和技术规范。摸清可能会产生质量问题的工序和工位，以及是否符合设计技术要求。

④配件等辅助材料。可能会用到哪些五金连接件、配件和辅助材料，它们的性能和强度怎样等。

⑤运输方式。制作的产品是整件运输还是拆装式运输，从而确定其是采用一次性结构还是可反复拆装的结构。

⑥工人技术素质。工人的技术素质是否能达到设计的基本条件。

三是详细了解家具产品中各种接合方式和连接方法的特点，有关技术参数，尤其是家具行业步入大工业化生产秩序之后，工业化程度越来越高，各种专用连接件大量使用，给家具生产提供了方便。对这些专用连接件的了解和使用，构成了结构设计的重要内容。

四是对家具结构的科学分析。家具结构并不是一成不变的，在实现相同功能的同时，针对不同的材料、不同的部位、不同的加工工艺、不同的装饰方法、不同的受力状况，可以采用不同的结构形式。这就要求设计者在对家具产品有接合的部位进行科学分析，最终选择切实可行而合理的结构形式。

分析的内容如下：

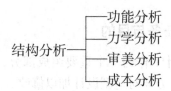

二、家具结构设计的内容和要求

在规范的家具设计中，当家具的造型确定后，就应进行结构设计。家具结构设计的内容主要有：确定家具零部件的材料、尺寸及各零部件间的接合方式，确定零部件加工工艺及装配方法，并以相关图样（包括结构装配图、零件图、部件图、大样图等）表达出来。

结构设计的要求主要有：合理利用材料、保证使用强度、加工工艺合理、充分表现造型需要等。

（1）合理利用材料

木家具的零件可用不同的材料（实木、人造板材等）制造，不同的材料其物理、力学性能和加工性能会有较大的差异。同样，任何一种材料的性能都不可能完美，某一方面性能很好，其他方面的性能可能就较差。家具结构设计就是要在充分了解材料性能的基础上合理使用材料，使其最大限度地发挥材料的优良性能，而避开其性能较差的一面。另外，不同材料的零件，其接合方式也表现出各自的特征，实木家具的零件一般为榫卯接合，其框架都由线型构件构成，这是由于木材的干缩湿胀特性使得实木板状构件难以驾驭，而木材的组织构造和黏弹性能给榫卯接合方式提供了条件。人造板虽然克服了木材各向异性的缺陷，但由于制造过程中木材的自然结构被破坏，许多力学性能指标大为降低（抗弯强度最为明显），因而无法使用榫卯结构，但人造板幅面大、尺寸稳定的优点为木家具工业化生产开辟了新的途径，而圆形接口则是目前板式家具零件接合的最佳选择。根据家具材料选择、确定接合方式，是家具结构设计的重要内容，对木家具而言，实木家具应以榫卯接合为主，板式家具则以圆榫接合、连接件接合为主。

（2）保证使用强度

家具结构设计的要求之一就是要保证产品在使用过程中牢固稳定。各种类型的产品在使用过程中都会受到外力的作用，如果产品不能克服外力的干扰保证其强度和稳定性，就会丧失其基本功能。家具结构设计的主要任务就是要根据产品的受力特征，运用力学原理，合理设计产品的支撑结构及零部件尺寸，保证产品的正常使用。

（3）加工工艺合理

不同材料及尺寸的零部件，不同的接合方式，其加工设备和加工方法也不同，而且直接决定了产品的质量和成本。因此，在进行产品的结构设计时，应根据产品的风格、档次和企业的生产条件合理确定接合方式，合理选择加工工艺及加工设备。

（4）充分表现造型需要

家具不仅是一种简单的功能性物质产品，而且是一种广为普及的大众艺术品。家具的装饰性不只是由产品的外部形态表现，也与内部结构相关，因为许多家具产品的形态（或风格）是由产品的结构和接合方式所赋予的，如榫卯接合的框式家具充分体现了线的装饰艺术，五金连接件接合的板式家具，则在面、体之间变化。另外，各种接合方式（如用榫、连接件等）本身就是一种装饰。藏式接口（如用暗铰链、偏心件等）外表不可见，使产品更加简洁。接口外露（如用合页、明榫等），不仅具有相应的功能，而且可以起到点缀的作用，尤其是明榫能使产品具有自然天成的乡村田野风格。结构设计则要在外部形态一定的情况下，合理利用材料的质感和接合方式充分体现造型风格。

三、家具结构设计中的诸因素

（1）家具材料与结构

针对不同的家具材料采取不同的结构形式，是家具结构设计的原则之一。材料不同，其品质特性、加工特性也不同，所选用的接合方式与连接方式亦各不相同。

家具材料类型很多，表0-1列举了几种主要材料的结构特点。

表0-1　几种主要材料的结构特点

材料种类	主要品质特点	加工特点	接合方法的选择
木材及木质材料	①多孔性 ②弹性 ③各向异性 ④干缩湿胀性 ⑤韧性 ⑥可塑性	①可实现车、砂、钻、刨、铣、锯等各种加工 ②刀具的运转速度快 ③加工余量较大 ④加工表面质量的各向异性	①各种榫卯接合 ②胶接 ③钉接（含螺钉） ④连接件接合
金属	①高强度、致密性 ②各向同性 ③可熔融性 ④可塑性和延展性	①各种机加工方法 ②热处理技术 ③刀具硬度高、切削力大 ④加工精度高 ⑤表面光洁度高	①螺钉螺栓连接 ②焊、铆接合 ③连接件接合 ④各种机械接合
塑料	①可塑性 ②热熔性 ③韧性 ④易老化性 ⑤色彩多异性 ⑥可再生性	①可铸造性 ②热塑变形加工 ③可切削性 ④高分子材料聚合性	①胶接 ②机械接合 ③连接件接合 ④热熔接合
皮革、织物	①柔性 ②交织性 ③尺寸变异性	①形状可变异性 ②尺寸可变异性 ③剪切加工 ④拼接加工	①缝接 ②胶接 ③扎接
玻璃、石材	①脆性 ②硬度 ③尺寸稳定性 ④表面光洁度	①可切削性 ②断裂与破碎	①胶接 ②镶、嵌

（2）功能与结构

零部件在家具整体中的功能形式不同，其结构状态和形式也各不相同，见表0-2。

表0-2 功能形式与结构关系

功能形式	结构状态	结构形式
空间围合	水平围合	各种连接
	垂直围合	
	水平分割	
	垂直分割	
支承、承重	支承面	各种连接形式
	板式框架	
	框式框架	
	腿、脚	
运动	开、合	铰接结构
	转折	旋转结构
	伸、缩	滑动结构
定位	分割	搁放和各种连接

（3）生产条件与结构

生产条件与结构之间是一种依赖关系，即生产条件不同，家具产品类型也不同，因而所采用的结构形式也不相同。

传统的手工工具和手工操作方式决定了传统木家具的框架结构形式和榫卯接合为主的零部件连接方式。

人造板材料的出现，使得大幅面的零部件成为可能，板式家具结构形式应运而生。

生产过程的自动化和机械化，使得批量生产成为可能，零部件的加工精度极大地提高，零部件在整体产品中的互换性增加，因而给连接件的大量使用提供了条件，可反复拆装的组合、装配形式被广泛采用。

计算机技术、数控技术、自动化技术渗透到家具行业时，各种烦琐和复杂的加工操作变得简单易行且十分高效，因此，家具的造型形式和结构形式变得更加丰富多彩。

可以这样认为，生产条件是结构设计的依据和基础。

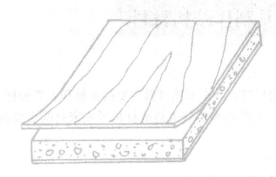

模块一
认识家具制作材料

项目一　家具制作结构材料
项目二　家具制作装饰及辅助材料

项目一 家具制作结构材料

家具制作材料可分为木质材料和非木质材料。其中木质材料主要指木材和人造板材，木材又分为针叶材和阔叶材，是木家具的主要结构材料。人造板材是板式家具的主要材料，包括刨花板、胶合板和纤维板等。

任务一 认识木质材料

【学习目标】

>>知识目标

1. 掌握木材宏观构造的基本知识。
2. 熟悉分析木材性能特点的方法。
3. 掌握人造板材的性能特点及应用。

>>能力目标

1. 能正确识别木家具常用的20种木材。
2. 能正确描述木家具常用的20种木材的宏观构造。
3. 能正确识别10种常用人造板。
4. 能合理地选择人造板材。

【工作任务】

材料的观察与记录。

【知识准备】

一、木材

1. 木材的分类

木材由树木的躯干加工而成，木材的种类繁多，构造复杂且差异性大，按树木的分类方法，木材分为针叶材和阔叶材两大类。

针叶材：一般树干高大通直，树叶细长呈针状。具有生长速度快、密度偏低、材质松软、纹理直、耐腐蚀性强、胀缩性小、易加工等特点。常见的木材有：杉木（云杉、冷杉）、松木（马尾松、樟子松、红松、华山松）、银杏、柏木四类。广泛应用于建筑、园林、人造板生产、家具制造等。

阔叶材：树干通直部分一般较短，一般树叶宽大，叶脉呈网状。除少数树种外，阔叶材一般密度偏高、材质较硬、胀缩变形大、易开裂、难加工等。常见的木材有：水曲柳、柞木、榆木、桦木、楸木、胡桃木、樱桃木、橡胶木、柚木、紫檀木、花梨木等。常用于制作家具承重件。

2. 木材的宏观构造

木材的宏观构造是用肉眼或借助 10 倍放大镜所观察到的木材构造特征，主要包括以下两方面。

木材的主要宏观特征：包括早材与晚材、生长轮与年轮、早材与晚材、边材与心材、木射线、管孔、轴向薄壁组织、胞间道等，它们比较稳定，规律性较为明显，是识别木材的主要依据，也是我们主要学习的内容。

木材的辅助结构特征：包括木材的颜色和光泽、纹理和花纹、气味和滋味、结构、髓斑、重量和硬度等。其中木材的树皮分为内皮和外皮，外皮的颜色、形态、厚度、断面结构、质地等亦可作为木材识别的辅助依据。

树干是在实木家具与板木家具设计与制造中主要利用的材料，由树皮、形成层、木质部和髓心构成（图 1-1）。

（1）木材的三切面

木材在不同的切面上，其构造分子所呈现的形状各异。所以，木材的宏观结构特征应从三个切面分别观察（图 1-2）。

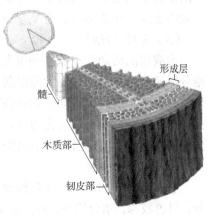

图 1-1　树干的组成

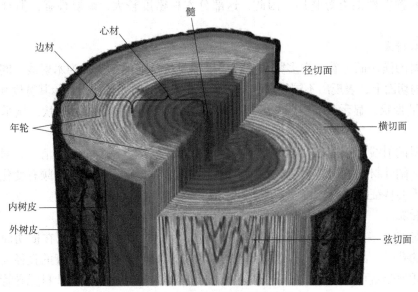

图 1-2　木材的主要宏观结构特征

横切面：垂直于树干长轴或纹理的切面。在横切面可以观察到生长轮、心材和边材、早材和晚材、木射线、薄壁组织、管孔、管胞、胞间道等。在该切面生长轮呈同心圆状，木射线从中心向外呈辐射状。

径切面：通过髓心与木射线平行而与年轮垂直所锯成的纵切面。在径切面可以观察到生长轮、边材和心材的颜色、导管和管胞沿纹理方向的排列、木射线等。在该切面生长轮呈平行带状条纹。

弦切面：垂直于木射线与年轮相平行所锯成的纵切面。在弦切面可以观察到生长轮呈 V 字形花纹，可以测量木射线的高度和宽度。

（2）生长轮与年轮

生长轮是指通过形成层在一个生长周期内所形成的木材围绕着髓心构成的同心圆。温带和寒带树木的生长期，一年仅有一个生长轮，通常称其为年轮。生长轮、年轮在木材的不同切面呈现出不同的形状。在横切面上为同心圆状，在径切面上为彼此平行、宽窄相当一致的条纹，在弦切面上为 V 字形花纹。

（3）早材与晚材

形成层的活动受季节影响很大，温带的春季或热带的湿季，由于温度高、水分足，细胞分裂速度快，细胞孔径大而壁薄，材质较疏松，材色较浅，是早材。温带的夏末秋初或热带的干季，形成层活动逐渐减弱，形成的细胞孔径小而壁厚，材色深，组织较致密，称为晚材。早材至晚材的变化缓急，不同树种是有差异的，如硬松类的马尾松、油松等早材至晚材为急变，而软松类的华山松、红松因早晚材界限不明显，其过渡为渐变。

（4）边材与心材

有许多树种的木材，靠近树皮的部分，材色较浅，水分较多，称为边材。髓心周围部分，材色较深，水分较少，称为心材。这种边材、心材有明显区别的树种是显心材树种，常见的显心材树种有针叶材中的落叶松、马尾松、杉木、柏木，以及阔叶材中的麻栎、栓皮栎、香椿、榆木等。显心材树种的心材部分之所以颜色较深，是由于沉积了大量的树胶、单宁、色素和挥发性油类等物质。因此，这部分木材密度较大，耐腐性强，但难以蒸煮和漂白。

（5）木射线

从木材的横切面上看，有多数颜色较浅呈辐射状排列的组织称为木射线。同一条木射线在不同的切面上，表现出不同的形状。在横切面上呈辐射线条状，显示其宽度和长度；在径切面上呈带状，显示其长度和高度；而在弦切面上呈短线或纺锤形状，显示其宽度和高度。

针叶材的射线都很细小，无甚差别，且肉眼及放大镜下一般都看不清楚，对识别木材没有意义。阔叶材则不同，射线的宽度、高度、数量等，在不同树种中颇有变化，是识别阔叶材的重要特征之一。

（6）管孔

导管是绝大多数阔叶材所具有的输导组织（但水青树没有导管），在横切面上导管呈大小不等的孔眼，故称管孔。在纵切面上导管为沟槽状叫导管槽。导管的直径大于其他细胞，人们凭肉眼就可见其孔，所以具有导管的阔叶材称有孔材。而针叶材无导管，其横切面上组织细致而均匀。用肉眼看不出有孔，所以针叶材称无孔材。

管孔的有无是区别阔叶材和针叶材的重要依据。管孔的分布、组合、排列等是识别阔叶材的重要依据。根据管孔在横切面的一个生长轮内的分布和大小情况可分为三种类型（图1-3）。

散孔材：一个生长轮内，早、晚材管孔的大小没有显著区别，分布也比较均匀。如桦木、椴木、木荷、楠木等。

环孔材：一个生长轮内，早材管孔比晚材管孔大得多，并沿生长轮排成一至数列，如刺楸、麻栎的早材管孔在生长轮内只排成一列；刺槐、梓木的早材管孔在生长轮内排成多列。

半散孔材（半环孔材）：一个生长轮内管孔的排列，介于散孔材与环孔材之间，早材管孔较大，略呈环状排列，早材到晚材管孔渐变，界线难分。如枫杨、核桃楸、水青冈等。

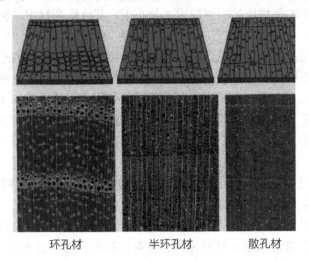

图 1-3　不同管孔分布类型下的横切面

（7）轴向薄壁组织

木材的轴向薄壁组织是指由形成层的纺锤状原始细胞所形成的薄壁组织细胞群。在木质部内它们沿树轴方向排列。

针叶材的轴向薄壁组织不发达或根本没有，仅在少数树种（如杉木、柏木）中存在，通常不易辨别，而阔叶树的轴向薄壁组织不仅数量多，而且种类丰富，它是阔叶材的重要特征之一。在横切面上看，颜色淡白，与周围具有厚壁的颜色较深的木纤维很容易区别，用水湿润后更容易看到。

根据轴向薄壁组织与导管连生与否，可分为离管薄壁组织和傍管薄壁组织两大类型。离管薄壁组织指轴向薄壁组织不依附于导管周围。有星散状、星散-聚合状、短弦线状、离管带状、轮界状等。傍管薄壁组织指轴向薄壁组织环绕导管周围，与导管相邻接。有稀疏傍管状、环管束状、翼状、聚翼状、傍管带状等。应该注意的是，阔叶材中同一木材的轴向薄壁组织有时多种多样（图 1-4、图 1-5）。

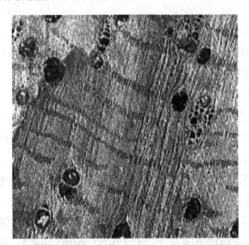 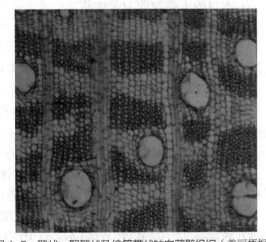

图 1-4　傍管带状轴向薄壁组织（非洲紫檀）　图 1-5　翼状、聚翼状及傍管带状轴向薄壁组织（美丽梧桐）

(8)胞间道

胞间道为分泌细胞围绕而形成的长形细胞间隙（图1-6）。贮藏树脂的叫树脂道，为一部分针叶树所有。贮藏树胶的叫树胶道，分布于一部分阔叶材中。胞间道有轴向和径向（在木射线内）之分。有的树种只有一种，有的树种则两种都有。

针叶材的胞间道是树脂道。轴向树脂道在木材横切面上呈浅色的小点，星散状分布于年轮中；径向树脂道存在于纺锤状木射线中，非常细小，除松属木材外，其他树种只有用显微镜才能看见。具有正常树脂道的针叶树，主要有松属、云杉属、落叶松属、黄杉属、银杉属及油杉属。前五属具有轴向与径向两种树脂道，而后一属仅具有轴向树脂道。松属树脂道一般较大而多，在纵切面上的轴向树脂道呈各种不同长度的小沟槽；落叶松属的树脂道虽然大但稀少；云杉属与黄杉属的树脂道均少而小。

阔叶材胞间道是树胶道。如油楠、青皮、坡垒等具有正常轴向树胶道，多呈弦向排列，不如树脂道容易判别，容易与管孔混淆。

活立木因受伤而形成的胞间道，叫创伤胞间道。针叶材中可以见到轴向和径向创伤树脂道。轴向创伤树脂道常出现在早材带内，呈弦向排列，除前述六属外，还见于铁杉属、冷杉属和水杉等。阔叶材通常只有轴向创伤树胶道，在横切面上呈长弦线排列，肉眼容易看见，如枫香、山桃仁、木棉等。

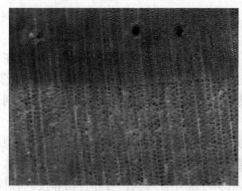 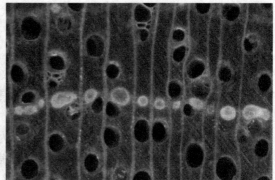

针叶材的树脂道　　　　　　　　阔叶材的树胶道

图1-6　胞间道

3.木材的主要物理力学性质

（1）木材的密度

木材的密度是木材性质的一项重要指标，用以估计木材的实际重量，推断木材的加工工艺性质和木材的干缩湿胀、硬度、强度等木材物理力学性质。

木材密度以基本密度和气干密度两种为最常用。

基本密度是木材的绝干材重量与绝对体积之比，绝对体积是木材在绝对密实状态下的体积，不包括木材内部孔隙所占的体积。基本密度测量结果准确，不因环境的变化而改变。在木材干燥、防腐工业中，亦具有很强的实用性。

气干密度是木材的气干材重量与气干材体积之比，通常以含水率在8%~20%时的木材密度为气干密度。木材气干密度为木材性质比较和生产使用的基本依据。

木材工业研究所根据木材气干密度（含水率为15%时）将木材分为五级，即：很小（不超过$0.350g/cm^3$）、小（$0.351~0.550g/cm^3$）、中（$0.550~0.701g/cm^3$）、大（$0.751~0.950g/cm^3$）、很

大（超过 0.950g/cm³）。

（2）木材的含水率

木材的含水率是指木材中所含水的质量占木材质量的比例。

木材中的水分主要有自由水、吸附水和结合水。自由水是存在于木材细胞腔和细胞间的水分，自由水的变化只影响木材的表观密度、保存性、燃烧性和干燥性；吸附水是被吸附在细胞壁内纤维间的水分。吸附水的变化是影响木材强度和胀缩性的主要因素。结合水即木材中的化合水，是构成木材的有机成分，对木材性质无影响。

木材的纤维饱和点是指木材中无自由水，而细胞壁内吸附水达到饱和时木材的含水率。木材的纤维饱和点随树种而异，一般为25%~35%，通常取其平均值，约为30%。纤维饱和点是木材性质发生变化的转折点。

木材中所含的水分随着环境的温度和湿度的变化而改变的。当木材长时间处于一定温度和湿度环境中时，木材中的含水量最后会达到与周围环境湿度平衡，这时木材的含水率称为平衡含水率。木材的平衡含水率随其所在地区不同而异，我国北方约为12%，南方约为18%。

各种木制品对已干木材最终含水率的要求因用途不同而异，如乐器、精密仪器盒为7%；家具、镶木地板为8%；细木工板为8%~9%；运动用具为10%~12%；窗、门为12%；汽车、铁路客车为10%~15%；铁路货车、建筑材料为18%；包装箱为15%~18%。实践中还需按产品使用地区的气候条件做适当变动。

（3）木材的湿胀与干缩变形

木材具有湿胀干缩的性能，当木材的含水率在纤维饱和点以下时，随着含水率的增大，木材体积膨胀。当木材的含水率在纤维饱和点以上，只有自由水增减变化时，木材的体积不发生变化。

由于木材为非匀质材料，其各向胀缩变形不同，其中以弦向最大，径向次之，纵向（即顺纤维方向）最小。当木材干燥时，弦向干缩率为6%~12%，径向干缩率为3%~6%，纵向仅为0.1%~0.35%。

木材的干缩湿胀变形对木材的实际应用带来严重影响。干缩会造成木结构拼缝不严、榫接合松弛、开裂，而湿胀又会使木材产生凸起变形。为避免这种不利影响，最有效的措施是在木材加工制作前进行干燥处理。

（4）木材的性能特点

木材作为一种应用广泛的建筑材料，既可以制成板材、家具、人造板等产品，也可作为工业原料，它具有以下特点。

天然性：木材是一种天然材料，在人类常用的钢、木、水泥、塑料四大主材中，只有它取自天然，因而木材具有生产成本低、耗能小、无毒害、无污染等特点。

保温性：木材的导热系数很小，同其他材料相比，铝的导热性是木材的2000倍，塑料的导热性是木材的30倍。因此，木材具有良好的保温性能，给人以冬暖夏凉的舒适感。

电绝缘性：木材的电传导性差，是较好的电绝缘材料。

加工性：木材软硬程度适中，具有很好的加工性能，锯、铣、刨、磨、车、雕性能优异，是生产实木家具的主要材料。

装饰性：木材本身具有天然美丽的纹理和色泽，作为家具和装饰材料具有独特的装饰效果，是其他材料所无法取代的。

耐久性：木材在干燥通风的状态下，不会腐朽破坏，耐久性好。

力学性：木材既具有很好的弹性，也有良好的韧性，还具有一定的塑性，能承受较大的冲击荷载和振动荷载。

4. 木材的识别

不同科、属、种的木材之间，既有共性，又有个性。只有在充分掌握它们的个性之后才能进行区别。如马尾松和红松均为无孔材且有树脂道，但马尾松其早、晚材急变，界线明显，晚材带宽；而红松早、晚材渐变，界线略明显，晚材带狭。根据马尾松和红松之间的个性就可以把两种木材区分开。

鉴别木材首先要掌握木材的各种特征，然后根据这些特征对木材进行识别。

先从木材有代表性的部位选取标本，用锋利小刀将标本削出一处非常平滑的地方，然后以肉眼或10倍放大镜在光滑的切面上观察所展现的特征，将清水滴在木材切面上，可以增强特征的明显度，如轴向薄壁组织及胞间道等。待鉴定木材应为气干状态的木材，不能使用带有缺陷、腐朽或变色木材。

木材宏观构造特征要从三个切面进行观察，横切面呈现的识别特征最多，是主要观察的切面；其次为弦切面，可以观察到导管、射线的粗细和排列情况、木材纹理等；径切面上的特征最少，除纹理、导管外，可以观察射线斑纹等。先观察导管的有无，即可区分阔叶材和针叶材。因为针叶材一般没有导管，阔叶材除极个别树种如水青树、昆栏树以外，都有导管。依次观察生长轮的类型、明显度、宽度，早晚材带的变化、心材、边材区别是否明显以及材色。对针叶材和阔叶材的观察应各有所侧重。确定是针叶材后观察树脂道的有无区分出其属于哪类针叶材，再观察树脂道的大小和数量，以及木材的颜色、气味、纹理、结构、轻重、软硬等，最后确定其属于哪一属或哪一种针叶材。阔叶材先观察管孔的分布情况，判定其是环孔材，还是散孔材，或是半散孔材。然后，观察管孔的大小、排列、射线宽窄、轴向薄壁组织是否可见及其类型，特殊气味和滋味的有无，材质轻重、材色、纹理、结构等，综合这些特征可判定其属于哪一种阔叶材。

5. 家具生产木材的选择选用

木材包括板材、方材。合理选材是家具生产的重要环节，应遵循"优劣材搭配、材尽其用""大材不小用、优材不劣用"的原则。

（1）依据含水率选择

锯材含水率是否符合家具产品设计的技术要求，直接关系到产品的质量、强度及使用。选择锯材含水率选材应把握如下几点：锯材的含水率符合设计要求，且内外含水率均匀一致；选用锯材的含水率应低于其使用地区的年平衡含水率2%~3%。

（2）依据锯材规格选择

锯材的规格应与零件规格相匹配，并考虑木材的加工余量。

（3）依据锯材质量选择

锯材的质量着重考虑锯材的树种、等级、纹理、色泽及缺陷等。

在保证产品质量和技术要求的前提下，节约使用优质材料，合理使用低质材料。

根据家具产品的质量等级要求选料。高级家具的零部件以至于整个产品往往需选优质材料，并做到物尽其用。一般家具产品通常将软材和硬材分开，将质地近似、颜色纹理差别不大的两种树种混合搭配，达到节约高级木材的目的。

根据家具部件的外露情况，外面可看见面用材的纹理、颜色应相近，内部不可见零件用材可以降低要求。

根据涂饰的颜色选材。本色涂饰应选择纹理、颜色相近的木材，深色涂饰可以将有色差的木材混合使用。

对于受力、强度要求较高的零部件，应选择无节子、腐朽、裂纹的木材。

胶拼部件应选择材质、硬度一致或相近的木材，不得软材与硬材、针叶材和阔叶材混合使用。

二、人造板材

人造板是以木材或其他植物纤维为原料，通过专门的加工工艺，生产人造板的基材（刨花、纤维、单板），再经施胶、成型以及板坯在一定的温度、压力下作用一段时间形成的板状材料。人造板分为胶合板、纤维板、刨花板三大类型（图1-7）。

胶合板　　　　　　　　　　　纤维板　　　　　　　　　　　刨花板

图1-7　人造板

1. 胶合板

胶合板是将木材进行蒸煮软化，经旋切制成单板，将单板干燥处理，使单板的含水率控制在8%~12%，涂胶后再按相邻纤维方向互相垂直的原则组成三层或多层（一般为奇数层）板坯，热压而制成的一种人造板材。

（1）胶合板分类

按表面加工状况分为：未砂光胶合板和砂光胶合板。

按结构和制造工艺分为：普通胶合板和特种胶合板。

按层数分为：三层、五层、七层、九层等。

按耐久性分为：Ⅰ类胶合板，能通过煮沸试验，耐气候胶合板；Ⅱ类胶合板，能通过63℃±3℃热水浸渍试验，供潮湿条件下使用的耐水胶合板；Ⅲ类胶合板，能通过20℃±3℃冷水浸渍试验，供干燥条件下使用的耐水胶合板。

特种胶合板是经特殊处理，有专门用途的胶合板。如塑化胶合板、防火（阻燃）胶合板、航空胶合板、船舶胶合板、车厢胶合板、异型胶合板等。

（2）胶合板的特点与应用

①胶合板的特点。胶合板具有幅面大、厚度范围广、木纹美观、表面平整、纵横向强度均匀、尺寸稳定性好、不易翘曲变形、轻巧坚固、强度高、耐久性较好、耐水性好、易于各种加工等优良特性。为了尽量消除木材本身的缺点，增强胶合板的特性，胶合板制造时要遵守结构三原则，即对称性原则、奇数层原则和纹理交错原则。胶合板的结构决定了它各个方向的力学性能都比较均匀，克服了木材各向异性的天然缺陷。

②胶合板的应用。目前胶合板被广泛地应用于家具生产及室内装修等。胶合板在家具上主要用来制造板式家具部件，特别适用于较大面积的部件，无论是作为外部用料还是内部用料都很合适，如各种柜类家具的旁板、面板、顶板、底板、背板、门板，抽屉的底板、侧板和面板，以及成型部件，如折椅的靠背板、坐面板、沙发扶手、桌台类的望板等。

对胶合板表面进行修饰加工，可制成各种装饰胶合板。如将胶合板的一面或两面贴上刨切薄木、装饰纸、塑料、金属及其他饰面材料，可进一步提高胶合板的利用价值和使用范围。如用珍贵树种薄木饰面的胶合板，可代替珍贵木材应用于中档、高档家具部件。用热固性树脂浸渍纸高压装饰层积板贴面的胶合板，常用于厨房、车厢、船舶等家具及内部装饰。

2. 纤维板

目前主要使用的是干法木质中密度纤维板。中密度纤维板（medium density fiberboard, MDF），是以木质废料、采伐剩余物、枝丫、废单板等为原料，经纤维制备，施加合成树脂，在加热加压条件下，压制成厚度不小于1.5mm、密度为$0.4\sim0.8g/cm^3$的板材。

目前国内中密度纤维板产品的2/3用于家具制造业，少量用于建筑、包装、家用电器等行业，其主要分布为：家具占65%，建材占15%，地板占10%，包装占5%，其他占5%。

（1）中密度纤维板分类与等级

①中密度纤维板分类。中密度纤维板可按照《中密度纤维板》（GB/T 11718—2021）分类，根据用途分为普通（临时展板、隔墙板）、家具（家具制造、橱柜制作）和承重（室内地面铺设、棚架、室内普通建筑部件）3类；根据使用条件又分为干燥、潮湿、高湿和室外4种；附加分类为阻燃、防虫害、抗真菌等。

普通型中密度纤维板通常不在承重场合使用，也不用于家具制造；家具型中密度纤维板作为家具或装饰装修使用，通常需要进行表面二次加工处理；承重型中密度纤维板通常用于小型结构部件，或在承重状态下使用。

②中密度纤维板等级及质量要求。中密度纤维板产品按外观质量分为优等品和合格品两个等级。

中密度纤维板砂光板不允许有分层、鼓泡和碳化。不砂光板的表面质量由供需双方确定。

（2）中密度纤维板的特点与应用

①中密度纤维板的特点。幅面大，厚度范围广，尺寸稳定性好。板材结构趋于均匀，密度适中，有较高的力学强度。板材的抗弯强度为刨花板的2倍。平面抗拉强度（内部结合力）、冲击强度均大于刨花板，吸湿膨胀性也优于刨花板。

板面平整细腻光滑，便于直接胶贴各种饰面材料、涂饰涂料和印刷处理。

中密度纤维板兼有原木和胶合板的优点，机械加工性能和装配性能良好，易于切削加工，适合锯截、开榫、钻孔、开槽、镂铣成型和磨光等机械加工，对刀具的磨损比刨花板小，与其他材料的黏接力强，用木螺钉、圆钉接合的强度高。板材边缘密实坚固，可以加工成各种异型的边缘，并可直接进行涂饰。

②中密度纤维板的应用。目前中密度纤维板已被许多行业广泛使用，在家具制造方面，可用于制作各种民用家具、办公家具等。中密度纤维板在家具部件上的具体应用有：制作各种柜体部件、抽屉面板、桌面、桌腿、床的零部件，沙发的模框，以及公共场所座椅的坐面、靠背、扶手等。

3. 刨花板

刨花板亦称碎料板、颗粒板，是利用小径木、木材加工剩余物（板皮、截头、刨花、碎木片、锯屑等）、采伐剩余物和其他植物性材料加工成一定规格和形态的碎料或刨花，施加一定量胶黏剂，经铺装成型和热压制成的一种板材。

《刨花板》（GB/T 4897—2015）中将刨花板进行如下分类。

按用途分为：P1 型，干燥状态下使用的普通型刨花板；P2 型，干燥状态下使用的家具型刨花板；P3 型，干燥状态下使用的承载型刨花板；P4 型，干燥状态下使用的重载型刨花板；P5 型，潮湿状态下使用的普通型刨花板；P6 型，潮湿状态下使用的家具型刨花板；P7 型，潮湿状态下使用的承载型刨花板；P8 型，潮湿状态下使用的重载型刨花板；P9 型，高湿状态下使用的普通型刨花板；P10 型，高湿状态下使用的家具型刨花板；P11 型，高湿状态下使用的承载型刨花板；P12 型，高湿状态下使用的重载型刨花板。

按功能分为：阻燃刨花板、防虫害刨花板、抗真菌刨花板等。

（1）刨花板的特点

主要优点：可按需要加工成相应厚度及幅面的板材，表面平整，结构均匀，长宽同性，无生长缺陷；不需干燥，可直接使用；隔音、隔热性能好；有一定强度，易于加工，有利于实现机械化生产；价格低廉，利用率高等。

主要缺点：边部较毛糙，易吸湿变形，厚度膨胀率较大，甚至导致边部刨花脱落，影响加工质量；一般不宜开榫，握钉力较低，紧固件不宜多次拆卸；密度较大，通常高于普通木材，用其做家具一般较笨重；表面无木纹；平面抗拉强度低，用于横向构件易产生下垂变形等。

（2）刨花板的应用

刨花板是节约和综合利用木材的有效途径之一，具有一定的生态和经济效益。刨花板广泛应用于家具制作、音箱设备、建筑装修等方面，特别是在家具工业中的应用较多，可以制作办公家具、民用家具，如各种柜橱、写字台、桌子和书架等。可以根据要求设计不同形式的刨花板家具。

（3）定向刨花板

定向刨花板简称 OSB，又称欧松板。定向刨花板是由规定形状和厚度的木质大片刨花施胶后定向铺装，再经热压制成的多层结构刨花板，其表面刨花沿板材的长度或宽度方向定向排列。

定向刨花板表层刨片呈纵向排列，芯层刨片呈横向排列，这种纵横交错的排列，重组了木质纹理结构，完全消除了木材内应力的影响，不易变形，抗冲击和抗弯强度高，可完全代替家具制造中的侧板和承重隔板。而且其力学性能具有方向性，可根据不同用途，在生产过程中控制各层刨花的比例和角度，以满足各种强度要求。不仅可充当门框、窗框、门芯板、地板、橱柜及地板基材，也可直接用于墙面和房顶饰面装饰，是细木工板和胶合板的良好替代产品。

定向刨花板的生产过程中，所采用的胶黏剂多用酚醛树脂胶或异氰酸酯胶，成品的甲醛释放量符合欧洲最高标准（欧洲 E_0 标准）。高温高压以及低施胶量的制作工艺，使胶内游离甲醛充分蒸发，不仅膨胀系数小，含水率稳定，且相较于其他板材更为绿色环保。定向刨花板内部为定向结构，无接头、无缝隙、无裂痕，整体均匀性好，内部结合强度极高，也解决了中密度纤维板、胶合板和普通刨花板的板面及四周钉钉子易开裂的问题，握钉性能优良。

4. 细木工板

细工木板属于特种胶合板。《细木工板》（GB/T 5849—206）将具有实木板芯的胶合板定义为细木工板，其板芯分为实芯和空芯两种。习惯上说的细木工板一般是指具有实体板芯的细木工板，木条在长度和宽度上拼接或不拼接而成的板状材料为实体板芯，俗称木芯板、大芯板、木工板、实芯板等。这里只介绍实芯细木工板。

（1）细木工板概述

图1-8　细木工板

细木工板五层结构的居多，是在木条所组成的板芯两面覆贴单板制成的（图1-8）。细木工板最外层的单板称为表板。正面的表板称为面板；反面的表板称为背板。内层的单板称为芯板。表板、芯板都是覆盖在木条拼成的板芯之上，所以统称为覆面材料。组成板芯的木条称为芯条。

在细木工板中，板芯、芯板和表板的作用各不相同。板芯的主要作用是使板材具有一定的厚度和强度。芯板的作用有两个，一是将板芯横向联系起来，使板材有足够的横向强度；二是降低板面的不平度，板芯小木条厚度不均匀可能会反映到板面上来，有芯板作缓冲就可以消除或削弱这种影响。表板的作用也有两个，一是使板面美观；二是增加板材的纵向强度。

细木工板的板芯一般以小径原木、旋切木芯边材小料等为原料。对于定厚度的细木工板来说，板芯越厚，成本越低。但覆面材料过薄也会影响板材的强度和稳定性，即容易破坏和变形。

（2）细木工板分类和命名

细木工板可以从不同的方面分类，这里介绍《细木工板》（GB/T 5849—2016）推荐的常规分类。

按板芯结构分为：实心细木工板和空心细木工板。

按板芯拼接状况分为：板芯胶拼细木工板（机拼板和手拼板）和板芯不胶拼细木工板（未拼板或排芯板）。

按表面加工状况分为：单面砂光细木工板、双面砂光细木工板和不砂光细木工板。

按使用环境分为：室内用细木工板和室外用细木工板。

按层数分为：三层细木工板、五层细木工板和多层细木工板。

按用途分为：普通用细木工板和建筑用细木工板。

细木工板命名是以面板树种和板芯是否胶拼进行命名。如面板为水曲柳单板，板芯不胶拼的细木工板称为水曲柳不胶拼细木工板。

（3）细木工板的特点与应用

①细木工板的特点。细木工板与实木相比，幅面尺寸大，表面平整美观，结构稳定，不易开裂变形；能利用边角小料，节约优质木材；板材横向强度高，刚度大，力学性能好；细木工板生产中耗胶少，仅为同厚度胶合板或刨花板的50%左右，能源消耗较少。

细木工板与胶合板相比，对原料的要求比较低。胶合板的原料都要用优质大径级原木。生产细木工板仅需要单板做表板和芯板，它们在细木工板中只占板材材积的很少部分，大量的是芯条。芯条对原料的要求不高，可以利用小径木、低质原木、边材和小料等。

细木工板与纤维板、刨花板相比，细木工板具有美丽的天然木纹，质轻而强度高，易于加工，有一定弹性，握钉性能好，是木材本质属性保持最好的优质板材。

此外，因细木工板含胶量少，加工时对刀具的磨损没有刨花板、胶合板那么严重，榫接合强度与木材差不多，都比刨花板高。

②细木工板的应用。细木工板原料来源充足，能够充分利用短小料，合理利用木材，成本低，板材质量优良，具有木材和一般人造板不可替代的优点，因此在许多行业，都将细木工板作为优质板材来使用，广泛应用于家具制作、建筑装修等。发展细木工板，是提高木材综合利用率、劣材优用的有效途径之一。

细木工板经历了与其他人造板的竞争，因其具有胶合板的特性，具有较大的硬度和强度，而且价格不高，至今仍是家具工业的结构材料之一。细木工板主要用于板式家具制造，作为家具的整板构件，适于制作桌面板、台板。目前细木工板主要用来制作组合柜、书柜、装饰柜等各种板式家具。

细木工板用于家具制作比较方便，其加工工艺和设备都不太复杂，与纤维板或刨花板相比，更接近于传统的家具制作工艺，因此，广为人们接受和喜爱。

三、集成材

集成材又称胶合木，是将纤维方向基本平行的板材、小方材等在长度、宽度和厚度方向上集成胶合而成的材料。它是利用实木板材或木材加工剩余物、板材截头之类的材料，经干燥后，去掉节子、裂纹、腐朽等木材缺陷，加工成具有一定端面规格的小木板条（或尺寸窄、短的小木块），涂胶后一块一块地接长，再经刨光加工，沿横向胶拼成一定宽度（横拼）的板材，最后根据需要进行厚度方向的层积胶拼。这里主要介绍用于家具生产、建筑装饰装修等的非结构集成材。

1. 集成材分类

根据集成材形状分为：集成板材和集成方材。

根据使用环境分为：室内用集成材和室外用集成材。

根据长度方向形状分为：通直集成材和弯曲集成材。

根据用途分为：非结构用集成材、非结构用装饰集成材、结构用集成材和结构用装饰集成材。

2. 集成材的特点与应用

（1）集成材的特点

①小材大用、劣材优用。集成材是由小块料木材在长度、宽度和厚度方向上胶合而成的。因此，用集成材制造的构件尺寸不受树木尺寸的限制，可以按需要制成任意尺寸横断面或任意长度，做到了小材大用。集成材在制作过程中可以剔除节疤、虫眼、局部腐朽等木材上的天然瑕疵，以及弯曲、空心等生长缺陷，做到了劣材优用。在家具制造中，大尺寸的家具零部件，如木沙发的扶手和大幅面的桌台面等，都可以使用集成材，以节约用料和提高产品质量。

②易于干燥及特殊处理。集成材采用坯料干燥，干燥时木材尺寸较小，相对于大块木材更易于干燥，且干燥均匀，有利于大截面异型结构木制构件的尺寸稳定。

木材的防虫、防蚁、防腐、防火等各种特殊功能也可以在胶拼前进行，相对于大截面锯材，大大提高了木材处理的效果，从而有效延长了木制品的使用寿命。

③尺寸稳定性高，强度比天然木材大。相对于实木锯材，集成材的含水率易于控制，尺寸稳定性高。集成材能保持木材的天然纹理，通过选拼可控制坯料木纤维的通直度，减少了斜纹理、节疤、乱纹理等缺陷对木构件强度的影响，使木构件的安全系数得以提高。这种材料没有改变木材本来的结构和特性，因此它仍和木材一样是一种天然基材。它的抗拉和抗压强度优于木材，并且通过选拼，材料的均匀性也优于天然木材。有关研究表明，集成材整体强度性能是天然木材的1.5倍。

④能合理利用木材，构件设计自由。集成材可按木材的密度和品级不同，用于木构件的不同部位。在强度要求高的部分用高强度板材，低应力部分可用材质较差的板材。含小节疤的低品级板材可用于压缩或拉伸应力低的部分，也可根据木构件的受力情况，设计其断面形状，如中空结构、变截面部件等。集成材是由厚度为2~4cm小材胶合而成的，因此方便制成各种尺寸、形状及特殊形状要求的木构件，为产品结构设计和制造提供了想象的空间，如拱架、弯曲的框架等。在制作家具异型腿等构件时，可先将木材胶合制成接近于成品结构的半成品，再用仿形铣床等加工，能节约大量木材。

⑤集成材具有工艺美。集成材结构严密，接缝美观，用它加工的家具若采用木本色涂饰，其整齐有序的接缝暴露在外，更显现出一种强烈的工艺美。集成材可实现工厂连续化生产，并可提高各种异形木构件的生产速度。

⑥集成材相对于其他板材而言更绿色环保。集成材用胶量小，绿色环保集成材在胶合过程中，只需要在原材料端部小面积施胶，施胶量小，板材的两面不需要贴饰面板，胶合缝处于开放状态，更利于胶黏剂中有毒性物质的挥发，因此集成材相对于其他板材而言更绿色环保。

⑦集成材生产投资较大，技术要求较高。生产集成材需专用的生产装备，如纵向胶拼的指接机、横向胶拼的拼板机、涂胶机等，一次性投资较大。与实木家具制品相比，需更多的锯解、刨削、胶合等工序，需用一定量的胶黏剂，同时锯解、刨削等需消耗能源，生产成本相对较高。工艺上集成材的制作需要专门的技术，故对组装件加工精度等技术要求较高。

（2）集成材的应用

集成材因具有以上所述的特点，故其用途极为广泛，已成为家具、室内装修、建筑等行业的主要基材。在制作各种家具时，因构件设计自由，故可制得大平面及造型别致、独特的构件，如大型餐桌及办公桌的台面，柜类家具的面板（顶板）、门板及旁板，各种造型和尺寸的家具腿、柱、扶手等。此外，它在室内装修中，可用于门、门框、窗框、地板、楼梯板等。在建筑上，可制作各种造型的梁、柱、架等。

【任务实施】

（1）选择阔叶材两种，拍摄照片，分别记录材料特性及其应用。

（2）选择针叶材两种，拍摄照片，分别记录材料特性及其应用。

（3）选择胶合板、中纤板、刨花板和细木工板各一种，拍摄照片，分别记录材料特性及其应用。

（4）将各类材料特性汇总并整理成表。

【课后练习】

1.简述实木家具常用木材的主要结构特征，绘图表达木材三切面的形式。

2. 简述实木家具生产用的针叶材与阔叶材的异同。
3. 简述人造板在家具中的应用。

任务二　认识非木质材料

【学习目标】
▶▶知识目标
了解金属、玻璃、石材的种类及特性。
▶▶能力目标
会在家具设计中应用不同非木质材料。
【工作任务】
材料搜集与记录。
【知识准备】

一、金属

金属材料具有独特的光泽与颜色，质地坚韧、张力强大，具有很强的防腐防火性能，熔化后可借助模具铸造，固态时则可以通过碾轧、压轧、锤击、弯折、切割、冲压和车旋等机械加工方式制造各类构件，可满足家具多种功能要求，适宜塑造灵巧优美的造型，同时可根据设计，与玻璃、石材等其他材料结合，更能充分显示现代家具的特色，成为推广最快的现代家具材料之一。

金属材料分为黑色金属和有色金属两大类。

1. 黑色金属

黑色金属指的是以铁（还包括铬和锰）为主要成分的铁及铁合金，在实际生活中主要是铁和钢。根据含碳量标准，铁金属可分为铸铁、锻铁和钢三种基本形态。

（1）铸铁

含碳量在2%以上的铁(并含有磷、硫、硅等杂质)称为铸铁，又称为生铁。其晶粒粗而韧性弱，硬度大而熔点低，适合铸造各种铸件。铸铁主要用在需要有一定重量的部件。金属家具中的某些铸铁零件如铸铁底座、支架及装饰件等，一般用灰铸铁（其中碳元素以石墨形式存在，断口呈灰色）制造。

（2）锻铁

含碳量在0.15%以下的铁(用生铁精炼而成)，称为锻铁，又称为熟铁或软钢。其硬度小而熔点高，晶粒细而韧性强，不适于铸造，但易于锻制各种器物。利用锻铁制造家具历史较久，传统的锻铁家具多体量较大，造型上繁复粗犷者居多，是一种艺术气质极重的工艺家具，或称铁艺家具。锻铁家具线条玲珑，气质优雅，能与多种类型的室内设计风格配合。

（3）钢

钢的含碳量为0.03%~2%，制成的家具强度大、断面小，能给人一种深厚、沉着、朴实、冷静的感觉，钢材表面经过不同的技术处理，可以加强其色泽、质地的变化，如钢管电镀后有银白而又略带寒意的光泽，减少了钢材的重量感。不锈钢属于不发生锈蚀的特殊钢材，可用来制造现代家具的组件。

图1-9 不锈钢钢管椅

钢材包括各种型钢、钢管、钢板、钢丝等制成品。钢材有较高的抗拉、抗压、抗冲击和耐疲劳等特性，能承受较大的弹性和塑性变形，可以直接铸造成各种复杂形状，还可以通过焊接、铆接、切割、弯曲和冲压等工艺制成各种钢结构部件和制品，还可以采用涂饰、滚压、磨光、镀层、复合等方法制成各种表面装饰材料。钢材已成为现代家具制作中不可缺少的结构及装饰用材（图1-9）。

在家具及室内装饰中常使用各种小型型钢、钢板、带钢、钢管等普通钢材。

热轧薄钢板主要用于金属家具的内部零部件及不重要的外部零部件，冷轧薄钢板则用于外部零件。优质碳素结构钢薄钢板主要用于制作金属家具外露重要零部件，如台面、靠背、封帽等。带钢实际上是成卷供应的很长的薄钢板。带钢通过排料可以在冲床上连续冲切零件，也用于制造焊管等。

无缝钢管按制造方法分为热轧、冷拔和挤压等。家具及室内装饰一般选用薄壁冷拔无缝钢管，其特点为重量轻、强度大。冷拔不锈钢无缝钢管常用于高档卧房、客厅及厨房等家具的制作。高频焊接薄壁管材强度高、重量轻、富有弹性、易弯曲、易连接、易装饰，用于制造金属家具的骨架。近年来，各种异型钢管的应用逐渐广泛。

型钢包括圆钢、方钢、扁钢、工字钢、槽钢、角钢及其他品种。主要用于金属家具的结构骨架及连接件等。有时使用小规格的圆钢、扁钢、角钢做连接件。

2. 有色金属

有色金属是除黑色金属以外的其他金属，如铝、铜、铅、锌等及其合金，也称作非铁金属。

（1）铝及铝合金

铝属于有色金属中的轻金属，密度约为2.7g/cm³，为铁的1/3，熔点为660℃。铝的表面为银白色，反射光能力强。铝的强度达80~100MPa，硬度较低，为提高铝的使用价值，常加入合金元素。

在铝中加入铜（Cu）、镁（Mg）、硅（Si）、锰（Mn）、锌（Zn）等元素形成各种类别的铝合金以改变铝的某些性质，如同在碳素钢中添加一定量合金元素形成合金钢而改变碳素钢某些性质一样，在铝中加入适量合金元素称为铝合金。与碳素钢相比，铝合金的弹性模量约为钢的1/3，而比强度为钢的2倍以上。

铝合金既保持了铝质量轻的特性，同时机械性能明显提高，大大提高了使用价值，并以它特有的力学性能和材料特性，广泛地应用于现代金属家具的结构框架、五金配件等，如用铝合金与玻璃等材料结合制成的满足不同功能的各类家具、家用电器、厨房家具等，体现出结构自重小，不变形，耐腐蚀，隔热隔潮等性能优越的特点。

家具中常用的铝合金制品是铝合金板材、管材及型材，主要用于制造铝合金家具的结构骨架、需承受压力加工和弯曲加工的零件、铝合金包边条及装饰嵌条。

铝合金型材具有重量轻、耐腐蚀、刚度高等特点。表面经过阳极氧化着色处理后美观大方，色泽雅致，在家具中用途十分广泛，可用做家具结构材料、屏风骨架、各种桌台脚、装饰条、拉手、走线槽及盖、椅管等。

（2）铜及铜合金

对金属铜的认识可以追溯到青铜时代，铜是人类使用较早，用途较广的一种有色金属。在古代家具及装饰中，铜材是一种重要材料。

在家具中，铜材是一种高档装饰材料，用于现代金属家具的结构及框架等。家具中的五金配件（如拉手、销、铰链等）和装饰构件等均广泛采用铜材，美观雅致、光亮耐久，体现出华丽、高雅的格调。

纯铜由于价格高，工程中更广泛使用的是铜合金，即在铜中掺入了锌、锡等元素形成铜合金。铜合金既保持了铜的良好塑性和高抗蚀性，又改善了纯铜的强度、硬度等机械性能。常用的铜合金有黄铜和青铜等。

①黄铜。铜与锌的合金为黄铜。锌是影响黄铜机械性能的主要因素，随着含锌量的不同，色泽、成分及用途性能也随之改变。含锌量约为30%的黄铜塑性最好，含锌量约为40%的黄铜强度最高，一般黄铜含锌量不超过30%。

黄铜可进行挤压、冲压、弯曲等冷加工成型。黄铜韧性较大，但切削加工性差，为了进一步改善黄铜的机械性能、耐蚀性或某些工艺性能，在铜锌合金中再加入其他合金元素，即成为特殊黄铜，常加入的有铅、锡、镍等，并分别称为铅黄铜、锡黄铜、镍黄铜等。黄铜主要用于制造铜家具的骨架、五金件及装饰件等，可铸造外形较为复杂的黄铜饰件、零件等（图1-10）。

图1-10 黄铜在家具中的应用

加入铅可改善黄铜的切削加工性，加入锡、铅、锰、硅均可提高黄铜的强度、硬度和耐蚀性。其中，锡黄铜还具有较高的抗海水腐蚀性，故称为海军黄铜。加入镍可改善其力学性质、耐热性和耐腐性，多用于制作弹簧，或用作首饰、餐具，也用于家具、建筑、机械等。

②青铜。以铜和锡作为主要成分的合金称为锡青铜。锡青铜具有良好的强度、硬度、耐蚀性和铸造性。锡对锡青铜的机械性能有显著影响，若含锡量超过10%，塑性急剧下降，材料变脆。

由于锡的价格较高，现已出现多种无锡青铜，如硅青铜、铝青铜等。无锡青铜强度高、耐磨性优良、耐腐性良好，适于生产家具的各种零部件及装饰装修。

二、玻璃

玻璃晶莹透明、无毒无害、无异味、无污染、具透光性，能有效地吸收和阻挡大部分的紫外线，是日常生活推崇的一种绿色环保材料。玻璃的品种繁多，广泛用于建筑、室内外装饰、家具、日用器皿、医疗等方面。

下面主要介绍家具中常用的几种玻璃。

1. 普通平板玻璃

普通平板玻璃也称单光玻璃、净片玻璃，简称为玻璃，装修中使用最多、最常见的是未经加工的平板玻璃。它可以透光透视，对可见光透射比较大，紫外线透射比较小，遮蔽系数较大，具有一定的力学强度，可切割，价格较低但性脆，抗冲击性差，导热系数较低，主要用于普通建筑工程的门窗，起遮风避雨、隔热隔音等作用，也是普通家具常用的玻璃材料。

平板玻璃常见的公称厚度有：2mm、3mm、4mm、5mm、6mm、8mm、10mm、12mm、15mm、19mm、22mm、25mm。电视机柜、餐桌、茶几的台面，可采用厚度为8~10mm的玻璃板，以增加使用过程中的安全感。

2. 钢化玻璃

钢化玻璃具有良好的机械强度和耐热冲击性，强度较普通玻璃提高数倍，具有特殊的碎片状态。钢化玻璃作为家居材料，广泛用于餐桌、柜体、茶几、屏风、桌面板、台板、隔断等。

钢化玻璃常见的公称厚度有：3mm、4mm、5mm、6mm、8mm、10mm、12mm、15mm、19mm，大于19mm由供需双方商定。

3. 压花玻璃

压花玻璃又称花纹玻璃或滚花玻璃，是采用压延方法制造的一种平板玻璃，其表面压有深浅不同的花纹图案，花纹有方格、圆点、菱形等图案（图1-11）。

图1-11 压花玻璃

压花玻璃物理化学性能基本与普通透明平板玻璃相同，仅在光学上具有透光不透视的特点，一般压花玻璃的透光度为60%~70%，光线透过凹凸不平的玻璃表面时产生漫反射，可使光线柔和，起到遮断视线的作用。根据花形的大小，花纹深浅的不同，而有不同的遮断效果。

压花玻璃常见的厚度有：3mm、4mm、5mm、6mm、8mm，其厚度从表面压花图案的最高部位至另一面的距离，2.2mm的叫作薄压花玻璃，4mm以上的称为厚压花玻璃。压花玻璃广泛用作家具的台面与搁板、百叶窗玻璃及灯具材料，也极适用于既需采光又需隐秘的公共及个人场所，如办公室、会议室、宾馆、医院、运动场、健身房、浴室、盥洗室等。

4. 磨砂玻璃

磨砂玻璃俗称毛玻璃，是用普通平板玻璃经机械喷砂、手工研磨或氢氟酸溶蚀等方法将表面处理成均匀粗糙的状态。磨砂玻璃一般厚度有2mm、3mm、4mm、5mm、6mm、9mm，以5mm、6mm厚度居多。其生产工艺是将平板玻璃的表面用金刚砂、硅砂、石榴石粉等常用的磨料或者磨具进行研磨，制成粗糙的表面，也可以用氢氟酸溶液腐蚀加工而成。磨砂玻璃是平板玻璃的一种，在选择时可以参照平板玻璃，区别只是增加了纹理的选择。

磨砂玻璃被处理得均匀粗糙、凹凸不平，照射在其表面的光线产生漫反射，可使光线柔和，形成透光而不透视的视觉效果。如果在玻璃上做局部遮挡，可以在磨砂处理后形成有图案的磨砂玻璃，即磨花玻璃，图案清晰，具有强烈的艺术装饰效果，通常用来制作家具的柜门、屏风、办公室的门窗、隔断和灯具等。

5. 喷砂玻璃

喷砂玻璃是经自动水平喷砂机或立式喷砂机将细砂喷在玻璃上加工成水平或凹雕图案的玻璃产品，玻璃表面被处理成均匀毛面，表面粗糙，使光线产生漫反射，具有透光而不透视的特点，并能使室内光线柔和。喷砂玻璃性能基本上与磨砂玻璃相似，不同的是制作工艺上改磨砂为喷砂。两者视觉效果雷同，很容易被混淆。

6. 雕花玻璃

雕花玻璃是装饰玻璃的一种，更确切地说它是一种工艺玻璃，是一种高科技与艺术相结合的产品。人类很早就开始采用手工方法在玻璃上刻出美丽的图案，现已采用电脑数控技术自动刻花机加工各种场所用的高档装饰玻璃（图1-12）。

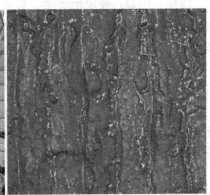

图1-12 雕花玻璃

雕花玻璃所绘图案有千姿百态的花卉、枝叶、几何图形、山水、人物等，雕刻工艺复杂，艺术性高，制作成本较高。雕花玻璃与喷砂玻璃相比，图案随意性大，富有立体感和真实感，而喷砂玻璃图案线条清晰，图案规则。

雕花玻璃常被用于制作家具的柜门、桌面、几面和装饰镜系列产品以及大型屏风、豪华型玻璃门等，具有独特的装饰性。

7. 热弯玻璃

热弯玻璃是平板玻璃在温度和重力的作用下，加热至软化温度并放置在专用的模具上加热成型，再经退火制成的曲面玻璃，如∪形、半圆形、球面等（图1-13）。

按弯曲程度不同，热弯玻璃分为浅弯与深弯。浅弯（曲率半径 $R \geq 300$mm 或拱高 $D \leq 100$mm）多用于玻璃家具装饰系列，如电视柜、酒柜、茶几等；而深弯（曲率半径 $R \leq 300$mm 或拱高 $D \geq 100$mm）可广泛用于陈列柜台、玻璃洁具、观赏水族箱等。

热弯玻璃的厚度范围为3~19mm，（弧长+高度）/2 ≤ 4000mm，拱高 ≤ 6000mm，其他厚度和规格的制品由供需双方商定。

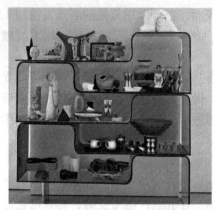 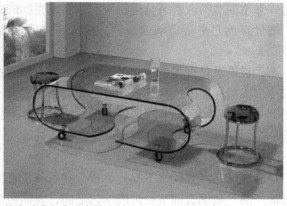

图 1-13 热弯玻璃在家具中的应用

目前，市场上采用热弯工艺处理的玻璃家具深受消费者青睐。热弯玻璃家具可以完全由玻璃制成，工艺简单，造型流畅，不使用任何钢管和螺钉固定，并具有较高的强度和耐高温的特性。

8. 镜面玻璃

高级镜面玻璃是采用现代先进技术，选择特级浮法玻璃为原片，用化学沉积法，经敏化、镀银、镀铜、涂保护漆等一系列工序制成，从而使镜面反光率达到92%。高级镜面玻璃具有成像纯正、反射率高、色泽还原度好，抗酸、抗湿热性能好等特点，即使在潮湿环境中也经久耐用。

根据玻璃镜形状分为：平面镜（建筑装饰镜、家具镜大多数为平面镜），曲面镜（曲面镜又有凹面镜和凸面镜之分）。

根据本体玻璃的颜色分为：普通玻璃镜（无色玻璃上镀反射膜），茶色玻璃镜（茶色玻璃上镀反射膜），宝石蓝玻璃镜（宝石蓝玻璃上镀反射膜）等各种着色玻璃镀膜制成的玻璃镜。

根据透明玻璃上镀膜的颜色分为：银色镜（无色玻璃镀铝、铬等银色膜），金色膜（无色玻璃上镀铜合金、氮化钛等反射膜）。

银镜玻璃可经切裁、磨边、刻花、喷雕、彩印等工艺制成规格多样的艺术镜，如穿衣镜、梳妆镜、卫浴镜、屏风镜等，常常与高档家具配套使用，或在喜庆场合作为礼品镜烘托气氛，也可用于墙面、柱面、复式天花板、灯池以及舞台装置的装饰与装修。

三、石材

石材分天然石材与人造石材两种。天然石材具有抗压强度高、耐久性好等优点，是现代家居台面及装饰的理想材料；人造石材具有质轻、高强、耐污染、耐腐蚀、经济实惠、表面花纹图案可设计等优点，是现代家具及装饰的理想材料。

1. 天然石材

（1）天然大理石

天然大理石是由石灰石或白云石在高温、高压等地质条件下，重新结晶变质而成的变质岩（图1-14）。天然大理石石质细腻，光泽柔润，具有很高的装饰性；结构致密，抗压强度较高，抗风化能力较差。

目前应用较多的大理石有以下品种。

单色大理石：如纯白的汉白玉、雪花白；纯黑的墨玉、中国黑。
云灰大理石：灰色为底色，其上带有天然云彩状纹理。
彩花大理石：薄层状结构，上面带有色彩斑斓的天然图画。
大理石主要用于室内制品的台面板、桌面板及几面板。

（2）天然花岗石

天然花岗石的主要矿物质成分有长石、石英及少量云母和暗色矿物（图1-15）；其颜色取决于所含成分的种类和数量，常呈灰色、黄色、蔷薇色、红色等，以深色花岗石较为名贵。

图1-14 天然大理石

图1-15 天然花岗石

花岗石结构致密，表观密度较大，抗压强度高，孔隙率小，吸水率低，硬度大，化学稳定性好，耐久性和耐水性强。可用于家具台面或室外家具。

2. 人造石材

人造石材是人造大理石和人造花岗石的总称（图1-16）。人造石材的生产工艺和设备简单，原料广泛，其色彩、花纹图案可设计制作，质轻、质地均匀、无毛细孔、抗污染、耐酸碱、耐磨、耐高温、强度高、施工方便、结合无缝，具有天然石材的纹理与质感，且比天然石材经济。

按照使用原料和制造方法可分成以下四种：树脂型人造石材、水泥型人造石材、复合型人造石材、烧结型人造石材。其中树脂型人造石材是以不饱和聚酯树脂、环氧树脂等合成树脂为胶黏剂，与天然石渣、石粉或其他无机填料按一定的比例调配，加入催化剂、固化剂、颜料等添加剂，经混合搅拌、固化成型、脱模烘干、表面抛光等工序加工而成。国内主要的人造石材是采用不饱和聚酯树脂制造，这类产品光泽度高，颜色丰富，可仿制出各种天然石材花纹，装饰效果好，主要用于家具的台面板。

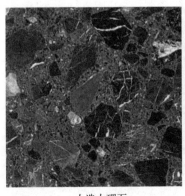
人造大理石

人造花岗石

图1-16 人选石材

【任务实施】

（1）搜集金属、玻璃和石材各2种。

（2）在表1-1中记录各材料的特点及其应用。

表1-1 材料特性记录表

种类	名称	主要特点及应用
金属		
玻璃		
石材		

【课后练习】

1. 简述金属材料在家具中的应用。
2. 简述玻璃在家具中的应用。
3. 简述石材在家具中的应用。

项目二 家具制作装饰及辅助材料

家具装饰设计是家具造型设计的一个重要组成部分,熟悉家具装饰及辅助材料的种类、特点,对正确处理家具的装饰设计具有重要的意义。

任务一 认识涂料、贴面材料、蒙面材料

【学习目标】
>>知识目标
1. 了解涂料、贴面材料及蒙面材料的种类。
2. 了解涂料、贴面材料及蒙面材料的特性。
>>能力目标
1. 会选择涂料、贴面材料及蒙面材料。
2. 会在家具设计中应用不同装饰材料。

【工作任务】
材料搜集与记录。

【知识准备】

一、涂料

涂料是一种有机高分子胶体混合物的溶液或粉末,可在家具表面形成一层具有防护和装饰作用的薄膜。涂料是家具表面装饰的重要材料之一。随着人造板在家具中的广泛应用,人造板的表面饰面需求随之发展,了解饰面材料的种类与特点,熟悉各饰面材料的应用。软体家具的设计与制造离不开蒙面材料,通过该任务的实施,使学生掌握蒙面材料的种类、特点及应用。

1. 涂料的组成

现代涂料是由合成树脂、橡胶、石油化工原料等加工而成的溶液或粉末。是由主要成膜物质、次要成膜物质和辅助成膜物质组成。

主要成膜物质的最基本特性是将它涂布在制品表面,能形成一层薄的涂膜,并使涂膜具有制品所需要的各种性能。现代涂料的主要成膜物质是人造树脂与合成树脂(酚醛树脂、醇酸树脂、聚氨酯树脂、聚酯树脂等)。次要成膜物质包括各色颜料和染料,它不能离开主要成膜物质单独形成涂膜。辅助成膜物质包括溶剂和助剂。溶剂的主要作用是溶解、稀释固体或高黏度的主要成膜物质,使之成为黏度适宜的液体,便于施工。随着液体涂料的使用,溶剂蒸发,涂料固化,形成固体涂膜。水和一些有机物(如松节油、酒精、醋酸乙酯等)都是溶剂。助剂在涂料中的占比很少,但对涂料制造、涂料施工、涂膜形成、涂料与涂膜的性能有很大影响。如催干剂、固化剂、增塑剂、引发剂、消光剂、光敏剂等等。

2. 常用涂料

（1）天然树脂漆

木家具中常用的天然树脂漆有：虫胶漆、大漆、油基漆。

①虫胶漆。虫胶漆是将虫胶溶于酒精后调配制得。主要用作透明涂饰的封底漆、调腻子。虫胶漆的优点是施工方便，可刷涂、擦涂、喷涂、淋涂，干燥快，涂膜平滑，光泽均匀，隔离和封闭性好。缺点是涂膜耐热耐水性差，容易吸潮发白甚至剥落。

②大漆。大漆是漆树的一种生理分泌物。国际上泛称大漆为"中国漆"。大漆一般可分为生漆（又称提庄、红贵庄）、熟漆（又称推广漆、精制漆）、广漆（又称金漆、笼罩漆）和彩漆（又称朱红漆）。大漆对木材的附着力强、漆膜光泽好、硬度高、具有独特优良的耐久性、耐磨性、耐水性、耐热性、耐酸性、耐油性、耐溶剂性、以及耐各种盐类、耐土壤腐蚀性与绝缘性。大漆的缺点是颜色深，不易显示木纹理；对强碱、强氧化剂的防腐性差，漆膜较脆；黏度高，不易施工，不宜机械化涂饰，对干燥条件要求比较苛刻，干燥时间长；毒性大，易使人皮肤过敏。

③油基漆。油基漆是由精制干性油与天然树脂加热熬炼后，加入溶剂与催干剂制得的涂料。其中含有颜料的是磁漆，不含颜料的是清漆。油基漆的油类使漆膜柔韧耐久、树脂使漆膜坚硬光亮。

（2）合成树脂漆

下面介绍几种常用的合成树脂漆。

①酚醛树脂漆。酚醛树脂漆是以酚醛树脂或改性酚醛树脂为主要成膜物质的一类涂料。具有漆膜柔韧耐久、附着力高、光泽高、耐水性、耐热性、耐磨性及耐化学药品性较强，涂刷施工方便，价格便宜等优点，广泛用于普通家具的涂饰。酚醛树脂漆颜色较深，漆膜使用过程中易泛黄，不适宜浅色或本色透明涂饰。常用的酚醛树脂漆有酚醛清漆、酚醛调和漆、酚醛磁漆。

②硝基漆。硝基漆是以硝化棉为主要成膜物质的一类涂料。硝基漆的品种有：透明腻子、透明底漆、透明着色剂、各种清漆、亚光漆以及不透明色漆、特色裂纹漆等。硝基清漆的色泽接近木材本色，且透明度高，可用于木家具的浅色或本色透明装饰；涂层干燥快、涂膜易修复；由于固体含量低，需要多遍涂饰，施工周期长；漆膜坚硬耐磨，具有较高的机械强度，但有时硬脆易开裂。硝基漆是一种传统高级装饰涂料，广泛应用于中高级（尤其是出口）木家具涂饰。

③聚氨酯树脂漆。聚氨酯树脂漆（又称聚氨酯漆、PU漆）是目前我国木家具表面涂饰中使用最广泛、用量最多的涂饰品种之一。聚氨酯漆既有良好的保护性，又有良好的装饰性，涂膜固化不受木材内含物以及结疤、油分的影响，很适宜做木材的封闭漆与底漆；漆膜硬度与耐磨性在各类涂料中最为突出，广泛应用于中高档家具；具有优良的耐化学腐蚀性；可制成溶剂型、液态无溶剂型、粉末、水性、单组分、双组分等多种形态，满足不同需求。但双组分的缺点是两液型，施工比较麻烦，必须按比例调配，配漆后有使用时限，涂层易出现针孔、气泡等缺陷，有毒有味，易燃易爆炸，因此使用时需注意安全。

（3）水性漆

以水为溶剂溶解主要成膜物质。常见的水性漆有：以丙烯酸为主要成分的水性木器漆、以丙烯酸与聚氨酯的合成物为主要成分的水性木器漆、聚氨酯水性木器漆、以水性双组份聚氨酯为主要成分的水性木器漆。水性漆施工简单，无毒环保，且可与乳胶漆同时施工；不易出现气泡、颗粒等缺陷；固体含量高，漆膜丰满，手感好；不黄变，耐水性好，不燃烧；部分水性漆的硬度不高，且容易出现划痕等问题。

二、贴面材料

木家具的贴面材料根据常用的材质分木质类（天然薄木、人造薄木）、纸质类（印刷装饰纸、合成树脂浸渍纸），此外还有塑料薄膜、纺织物、皮革、金属箔等，对家具的表面起装饰作用。下面主要介绍木质类贴面材料和纸质类贴面材料。

1. 木质类贴面材料

薄木是采用珍贵树种的木材，经刨切或旋切加工制得片状或带状的薄型木质贴面材料（图1-17）。薄木使家具表面具有真实的木材纹理，色泽清新自然，这种方法既节约了珍贵木材，又使人享受了材料的自然美，是一种传统的装饰方法，主要用于高档家具的贴面装饰。家具装饰用薄木厚度一般为0.1~1.0mm。

图1-17　薄木饰面板

按薄木材料的来源及构成，薄木主要分为天然薄木和人造薄木。天然薄木是用天然珍贵木材制得的薄木，具有美丽宜人的颜色和花纹，材质精美，但价格偏贵。人造薄木是用普通树种、速生树种的木材单板，经染色、组坯、层压胶合而成木方，再从人造木方上刨切下来的薄木。人造薄木可仿制珍贵树种的颜色与花纹；可做成整张大幅面薄木，使薄木贴面工艺简化；还可以大批量生产纹理相同的薄木，满足大批量家具贴面装饰的需求。

2. 纸质类贴面材料

纸质类贴面材料常用的有印刷装饰纸贴面和合成树脂浸渍纸贴面。

印刷装饰纸贴面是将印刷有花纹图案的纸张，直接贴在家具材料表面，再在纸张外面涂饰合成树脂涂料或用透明的塑料薄膜再贴面的一种装饰方法。这种方法的装饰性源自装饰纸，可印刷木纹、各种图案或是直接选用色纸，装饰性较强，表面涂饰的合成树脂或贴面的塑料薄膜对装饰纸起保护作用，生产工艺简单，能实现自动化、连续化生产，经济实惠。

合成树脂浸渍纸贴面是将浸渍了树脂的装饰纸贴在家具材料表面（图1-18）。这种方法的装饰性源自装饰纸，表面浸渍的树脂对装饰纸起保护作用，总体物理力学性能优于印刷装饰纸贴面。纸质类贴面材料适合于中低档家具（图1-19）。

图 1-18 三聚氰胺树脂浸渍纸贴面板

图 1-19 三聚氰胺树脂浸渍纸贴面板在家具中的应用

三、蒙面材料

纤维织物和皮革是软体家具的主要蒙面材料。

1. 纤维织物

纤维包括天然纤维、人造纤维、合成纤维。长期并大量用于软体家具家具蒙面的纤维织物是棉、麻、毛、丝（图 1-20、图 1-21）。

图 1-20 纤维织物

图 1-21　纤维织物在软体家具中的应用

棉纤维的特性：柔软舒适、不起静电、强度大、变形小、无毒无味、透气性好。
麻纤维的特性：纤维较硬、挺括有弹性、透气性好、强度大、变形小。
毛纤维的特性：纤维柔软、舒适、光泽好、有弹性、纤维较重。
丝纤维的特性：轻、薄、柔、滑。

2. 皮革

皮革是经脱毛和鞣制等加工得到的已经变性且不易腐烂的动物皮。人造革是由天然蛋白质纤维紧密编织而成，表面附有一层特殊的粒面层，具有自然的粒纹和光泽，手感较舒适的人造材料。

牛皮是软体家具蒙面的主要材料，按皮革的层次分为头层革和二层革。一般软体家具主要使用二层革和再生革（图 1-22）。

二层革是纤维组织比较疏松的部分，经过涂饰或贴膜等工序加工而成。具有一定的自然弹性和工艺可塑性，价格较便宜，强度较低。再生革是将各种动物的废皮及真皮下脚料粉碎后，再调配化工原料加工而成。皮张边缘较整齐、利用率高、价格便宜，但皮身较厚、强度较差。

图 1-22　皮革及其在家具中的应用

【任务实施】
（1）搜集涂料、贴面材料和蒙面材料各 3 种。
（2）在表 1-2 中记录各材料的特点及其应用。

表 1-2 材料特性记录表

种类	名称	主要特点及应用
涂料		
贴面材料		
蒙面材料		

【课后练习】

1. 简述天然树脂漆的种类及其性能特点。
2. 简述合成树脂漆的种类及其性能特点。
3. 简述木家具贴面材料的种类。
4. 简述各贴面材料在家具中的应用及特点。

任务二 认识胶黏剂、五金配件

【学习目标】

》知识目标

了解胶黏剂、五金配件的种类及特性。

》能力目标

1. 会选用胶黏剂、五金配件。
2. 会在家具设计中应用胶黏剂、五金配件。

【工作任务】

绘制偏心连接件接合方式思维导图。

【知识准备】

一、胶黏剂

胶黏剂是能够把两种相同或不同的物质粘接起来的材料。按主要胶合物质分为蛋白质胶和合成树脂胶两大类，随着制胶技术的日益完善，胶合强度高、耐水性好的合成树脂胶成为家具及木材加工行业主要采用的胶种。

1. 脲醛树脂胶黏剂

脲醛树脂胶黏剂简称脲醛树脂胶，是尿素与甲醛在催化剂的作用下，经加成和缩聚反应，生成初期的脲醛树脂；使用时，加入固化剂及其他添加剂，调制成液态的脲醛树脂胶；经固化反应，生成不溶不熔的末期树脂。

脲醛树脂胶为白色或淡黄色黏稠状液体，不会对家具表面产生污染；耐热、耐腐蚀、电绝缘性能好；冷压热压均可固化，使用方便。但耐水性不如酚醛树脂胶；胶层易老化差，需改性处理；树脂中存在游离甲醛，对环境及人体健康不友好。

2. 酚醛树脂胶黏剂

酚醛树脂胶黏剂简称酚醛树脂胶，由苯酚与甲醛在催化剂的作用下制得。

酚醛树脂胶为红棕色或深棕色黏稠状液体，会对浅色家具表面产生污染；其胶合强度、耐水性、耐热性、耐老化性、耐化学药品性均优于脲醛树脂胶；但成本高、胶液颜色深、胶层脆性大、固化时间长。

3. 聚醋酸乙烯酯乳液胶黏剂

聚醋酸乙烯酯乳液胶黏剂是由醋酸乙烯单体分散在介质水中，经乳化聚合而成的一种热塑性树脂。俗称乳白胶，在家具工业中应用非常广泛。

聚醋酸乙烯酯乳液胶黏剂是乳白色的黏稠状液体，略带醋酸味；无毒、无腐蚀性，安全且对环境友好；可直接使用，胶层固化后无色透明，胶层韧性好，加工时对刀具的磨损小；对冷水有一定的耐水性，对温水的抵抗性差，耐湿性差，只能用于室内制品的胶接。

聚醋酸乙烯酯乳液胶黏剂应贮存在玻璃容器、瓷器、塑料制品内，容器必须密闭，以防胶液自然结皮产生浪费，或在胶液表面浇一层薄薄的水层，以免胶液结皮，使用时搅拌均匀即可。

4. 热熔树脂胶黏剂

热熔树脂胶黏剂简称热熔胶，常温下为固体，通过加热使胶黏剂软化、进而熔化，把熔融的热熔胶涂布在被胶合物表面，冷却后胶液重新固化，从而将被胶合物粘接到一起。

热熔胶主要用于板式家具的封边和单板胶拼。常用的品种有：乙烯-醋酸乙烯共聚树脂热熔胶、乙烯-丙烯酸乙酯共聚树脂热熔胶、聚酰胺树脂热熔胶、聚酯树脂热熔胶、聚氨酯系反应型热熔胶。

热熔胶胶合迅速，使用范围广，能多次使用，不含溶剂，对环境友好，耐水性、耐化学药品性、耐霉菌性强；但耐热性差，热稳定性不高，需配置专门设备熔融树脂，不适宜大面积胶接，使用性能受季节和气候的影响较大。

二、五金配件

随着现代化大工业家具生产的发展，传统家具的榫接合被可拆装的五金连接件接合替代，在现代家具中常用的五金连接件有铰链、连接件、抽屉滑道（图1-23）。

1. 铰链

铰链是连接两个活动部件的主要构件，主要用于柜门的开启与闭合。铰链品种多，样式多。广泛使用的有明铰链、暗铰链、翻门铰链、铝合金门框铰链、玻璃门铰链等。

铰链

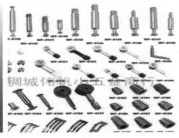
连接件

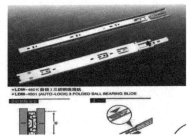
滑道

图1-23 五金配件

2. 连接件

连接件也称固定连接件，对家具制品的结构、牢固度等有着直接影响，主要用于柜类家具的旁板与水平板件以及背板的连接，使家具板件固定。

为满足现代板式家具的快速装卸，常用的连接件有普通偏心连接件、快装偏心连接件、角部连接件以及背板连接件。

3. 抽屉滑道

按材质分为：铁质烘漆和铁质镀锌。

按滑动方式分为：滑轮式和滚珠式。

按安装位置分为：托底式、侧板式、槽口式、搁板式。

按抽屉拉出柜体的距离分为：单节道轨、双节道轨、三节道轨等。

【任务实施】

（1）搜集市场上常见的偏心连接件3种。

（2）分析3种偏心连接件的异同。

（3）归纳3种偏心连接件接合方式的特点及应用。

【课后练习】

1. 简述家具生产中石油胶黏剂种类。
2. 简述石油胶黏剂的性能特点。
3. 简述家具五金件的选择方法。

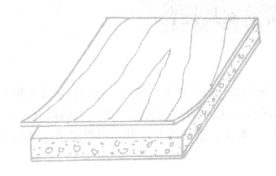

模块二
实木家具结构设计

项目一　实木家具接合
项目二　实木家具典型结构设计

项目一 实木家具接合

家具产品通常都是由若干个零、部件按照功能与构图要求，通过一定的接合方式组装构成的。零部件之间的连接称为接合。实木的核心接合方式为榫卯接合，再辅以钉、胶、梢连接。实木家具由方材、拼板、板式部件、木框、箱框等五种基本部件组成，结构不同，组成的基本部件也不同。

任务一 理解实木家具常见的接合方式

【学习目标】
>> 知识目标
1. 熟悉木家具常见的接合方式。
2. 理解木家具常见接合方式的特点。
>> 能力目标
1. 能够正确识别木家具常见的 5 种接合方式并说明其特点。
2. 能够依据实木家具零、部件接合需求合理选择接合方式。

【工作任务】
绘制木家具常见的接合方式思维导图。

【知识准备】
家具产品通常都是由若干个零、部件按照功能与构图要求，通过一定的接合方式组装构成的。零部件之间的连接称为接合。家具产品的接合方式多种多样，且各有优势和缺陷。接合方式的选择是结构设计的重要内容，所选用的接合方式是否恰当，对家具的外观质量、强度和加工过程都会有直接影响。木家具常用的接合方式有榫接合、胶接合、钉接合、木螺钉接合、连接件接合等。

一、接合方式的种类、特点和应用

木家具常见接合方式的种类、特点和应用见表 2-1。

表 2-1 木家具常见的接合方式特点及应用

种类		特点	应用
榫接合	直角榫接合	榫、孔都呈方形，易于加工，有较高的接合强度	两方材纵横连接的主要接合方式
	圆榫接合	另加插入榫，与直角榫比较，接合强度约低 30%，但较节省材料，较易加工	主要用于板式部件的连接和接合强度要求不苛刻的方材连接
	燕尾榫接合	顺燕尾方向抗拔性强，榫亦可作成不外露	主要用于箱框的角部连接
	指榫接合	靠指榫的斜面相接，接合强度为整体木材的 70%~80%	专用于木材纵向接长

（表格第二列"零件间靠榫、眼配合挤紧，并辅以胶合获得接合强度"跨越直角榫、圆榫、燕尾榫三行）

（续）

种类	特点	应用
圆钉接合	接合简便，但接合强度较低，常在接合面加胶以提高接合强度	常用于背板、屉溜等不外露且强度要求较低之处
木螺钉接合	接合较简便，接合强度较榫低而较圆钉高，常在接合面加胶以提高接合强度	应用同圆钉接合，还适用于面板、脚架固定与需多次拆装处（拆装时不加胶）
胶接合	单纯依靠接触面间的胶合力将零件连接起来看，两零件胶接面都需为纵向平面	用于板式部件的构成和实木零件的拼宽、加厚
连接件接合	利用另行装入的各种专用连接件构成连接，一般还需加木质圆销定位	专用于可拆装的接合，尤广泛用于柜体板件间的连接

二、接合方式

1. 榫接合

榫接合是木家具的一种传统而古老的接合方式，在现代家具制造中仍广泛应用。榫接合是指由榫头和榫眼或榫沟组成的接合。零件间靠榫头、榫眼配合挤紧，并辅助以胶接合获得接合强度。榫接合的名称如图 2-1 所示。

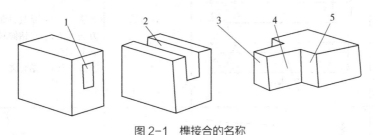

图 2-1　榫接合的名称

1.榫眼；2.榫槽；3.榫端；4.榫颊；5.榫肩

2. 胶接合

胶接合是指单纯用胶黏剂把制品的零、部件接合起来，通过对零、部件的接合面涂胶、加压，待胶液固化后即可互相接合。主要用于板式部件的构成，实木零件的拼宽、接长、加厚及家具表面覆面装饰和封边工艺等。实际生产中，胶接合也广泛应用于其他接合方式的辅助接合，如钉接合、榫接合常需施胶加固。胶接合可以达到小材大用、劣材优用、节约木材的效果，还可以提高家具的质量。

不同场合、不同材料使用的胶黏剂也不尽相同，家具加工中常用的胶黏剂有乳白胶、脲醛及酚醛树脂胶等。

3. 钉接合

钉接合是一种使用操作简便的连接方式，一般用来连接非承重结构或受力不大的承重结构。钉接合在我国传统手工生产的木家具中应用较广，钉子有金属、竹、木制的三种，其中金属钉应用最普遍，通常有圆钉、气钉两种。钉接合操作简便，容易破坏木材纤维，接合强度较低，常在接合面加胶以提高接合强度。在各种接合方式中，圆钉接合最为简便，常用于强度要求不太高又不影响美观、接合部位较隐秘的场合，如用于背板、抽屉安装滑道、导向木条等不外露且强度要求较低之处。在高档家具上应该少用或不用圆钉。圆钉接合的尺寸及技术见表2-2。

表2-2 圆钉接合及尺寸与技术

项目	结构简图	规范	备注
钉长的确定		不透钉 $l=(2～3)A$ $e>2.5d$ 透钉 $l=A+B+c$ $c \geq 4d$	l——钉长 d——圆钉直径 e——钉尖至材底距离 A——被钉紧件厚度 B——持钉件厚度 c——弯尖长度
加钉位置		$S>10d$ $t>2d$	S——钉中心至板边距离 t——近钉距时的邻钉横纹错开距离 d——圆钉直径
加钉方向		—	方法（一）：垂直材面进钉 方法（二）：交错倾斜进钉，钉倾斜 $α=5°～15°$ 方法（三）：结合强度较高
圆钉沉头法		—	将钉头砸扁冲入木件内，扁头长轴要与木纹同向

采用钉接合时，其握钉力是十分重要的，木质材料的性质和状态，钉子形状等都能影响木质材料的握钉力。下面介绍影响握钉力的一般因素：

（1）钉入方向

木材弦切面和径切面（横木纹方向钉钉）的握钉力差别很小，而顺木纹方向（轴向）钉钉时，其握钉力通常比弦切面或径切面低1/3左右。因此，实际生产中应尽量沿木材横纹方向钉钉，以充分利用木材的握钉性能。

由于各种材料的性能不同，其握钉力也不同。对于木质人造板，垂直于其表平面钉钉，具有较好的握钉力。如果钉子从胶合板侧边钉入，其握钉力较低。同样刨花板、纤维板沿板边的插嵌性能都不如木材。

（2）材料密度

木材密度的大小对握钉力有一定的影响。一般密度大的木材钉子难钉入，但其握钉力也大。虽然密度小的木材握钉力小，但一般材质疏松的木材也不易劈裂，可增加钉子直径、长度和钉子数量以弥补其握钉力之不足。

（3）钉子结构、尺寸

不同结构的钉子与木材的接触面积有差异，钉子与木材的摩擦力也不一样，拔钉时各部分木材纤维呈不同抗剪、抗拉状态，从而使握钉力差异大。钉子结构类型很多，有普通圆形、方形，有纵向带槽、带环形槽、带螺旋槽和带刺的等。采用螺旋状和带刺的钉，增加与木材的接触面积和摩擦力，可提高木材的握钉力。同类型钉子，由于尺寸不同，握钉力差别也很大，一般木材的握钉力随钉子尺寸增大而提高。

4. 木螺钉接合

木螺钉也称木螺丝，是金属制带螺纹的简单连接件。木螺钉接合是利用木螺钉穿透被固紧件、拧入持钉件而将二者连接起来的接合。常用于木家具中桌面板、椅座板、柜背板、抽屉滑道、脚架、塞角的固定，以及拉手、锁等配件的安装。此外，客车车厢和船舶内部装饰板的固定也常用木螺钉。其接合较简便，接合强度较榫接合低而较圆钉接合高，常在接合面加胶以提高接合强度。握螺钉力与握钉力属于同类，随着螺钉长度、直径的增大而增强。木螺钉接合用于刨花板时，其接合强度随着刨花板密度的增大而提高，其板面的握螺钉力约为端面的2倍。木螺钉需在横纹方向拧入持钉件，纵向拧入接合强度低。一般被固紧件的孔需预钻，与木螺钉之间采用松动配合，如果被固紧件太厚（如超过20mm）时，常采用螺钉沉头法以避免螺钉太长（表2-3）。

表2-3 木螺钉接合尺寸

名称	规范	备注
钻孔深度 D	$D=d+(0.5\sim1)$ mm	
拧入持件深度 l_1	$l_1=15\sim25$mm	
钉长（不沉头）l	$l=A+l_1$	d——圆钉直径
沉头保留板厚 A_1	$A_1=12\sim18$mm	A——被钉紧件厚度
钉长（沉头）l'	$l'=A_1+l_1$	
侧面进钉斜度 α	$\alpha=5°\sim15°$	

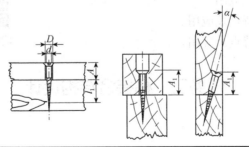

5. 连接件接合

连接件接合是采用专门的连接件将零部件连接起来，可用于方材、板件的连接，特别是常用于家具部件之间的连接，连接件品种很多，有紧固连接件、活动连接件等多种，绝大多数连接件接合的家具可多次拆装。进行结构设计时，应根据家具的类型、用途、设备能力选择合适的连接件，以保证家具的安装精度及牢固度。连接件接合实木家具是发展趋势，它可做到部件化生产，这样有利于实现机械化和自动化，也便于包装、贮存和运输。

图2-2为几种典型连接件的连接结构。除金属连接件之外，还有尼龙和塑料等材料制作的连接件。对连接件的要求是：结构牢固可靠，能多次拆装，操作方便，装配效率高，不影响家具的功能与外观，具有一定的连接强度，能满足结构的需要，制造方便，成本低廉。

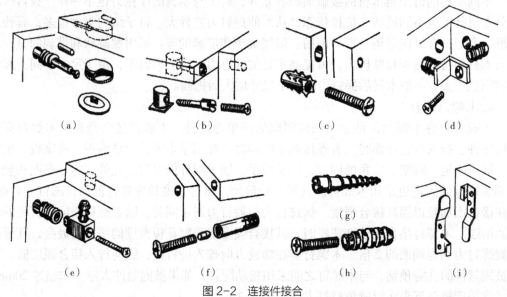

图2-2 连接件接合

(a) 偏心连接件；(b) 圆柱螺母；(c) 排齿螺母；(d) 角尺倒刺螺母
(e) 直角倒刺螺母；(f) 膨胀螺母；(g) 内外纹螺母；(h) 五牙倒刺螺母；(i) 双卡连接件

【任务实施】
(1) 归纳木家具常见的接合方式种类。
(2) 准确描述木家具常见的接合方式的特点及应用。

【课后练习】
1. 简述榫接合特点及应用。
2. 简述胶接合特点及应用。
3. 简述钉接合特点及应用。
4. 简述木螺钉接合特点及应用。
5. 简述连接件接合特点及应用。

明式家具结构特点

任务二 榫接合结构设计

【学习目标】
▶▶知识目标
1. 熟悉榫接合的种类。
2. 理解不同榫接合方式的特点、技术要求。
▶▶能力目标
1. 能够正确识别榫的种类及接合方式并说明其特点。
2. 能够依据实木家具零、部件接合需求合理选择榫接合方式。

3. 能够进行实木家具榫接合结构设计。

【工作任务】
简易实木家具榫接合结构设计。

【知识准备】

一、榫接合的分类和应用

1. 按榫头形状分

主要种类有直角榫、燕尾榫（又称梯形榫）、圆榫、椭圆榫（又称长圆形榫）等，如图 2-3 所示。至于其他类型的榫头都是根据这 4 种榫头演变而来的。

家具框架接合一般采用直角榫。燕尾榫接合可防止榫头前后错动，接触紧密，牢固度较好，它一般用于箱框、抽屉等处的接合。仿古家具及较高档的传统家具，较多采用燕尾榫接合。圆榫主要用于实木家具、板式家具的接合和定位等。椭圆榫是将矩形断面的榫头两侧加工成半圆形，榫头与方材本身之间的关系有直位、斜位、平面倾斜、立体倾斜等，可以一次加工成型。椭圆榫常用于椅框的接合等。

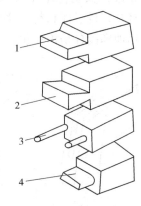

图 2-3　榫头的形状

1. 直角榫；2. 燕尾榫；3. 圆榫；4. 椭圆榫

2. 按榫头数目分

根据零件宽（厚）度决定在零件的一端开一个或多个榫头时，就有单榫、双榫和多榫之分，如图 2-4 所示。直角榫、燕尾榫、圆榫等都有单榫、双榫和多榫之分。榫头数目增加，就能增加胶层面积和制品的接合强度。一般框架的方材接合，如桌、椅框架及框式家具的木框接合等，多采用单榫和双榫。箱框、抽屉等板件间的接合则采用多榫。对于单榫而言，根据榫头的切肩形式的不同，又可分为单面切肩榫、双面切肩榫、三面切肩榫、四面切肩榫，如图 2-5 所示。

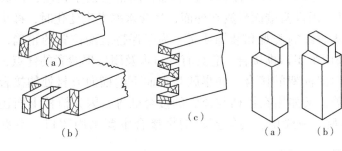

图 2-4　榫头的数目

（a）单榫；（b）双榫；（c）多榫

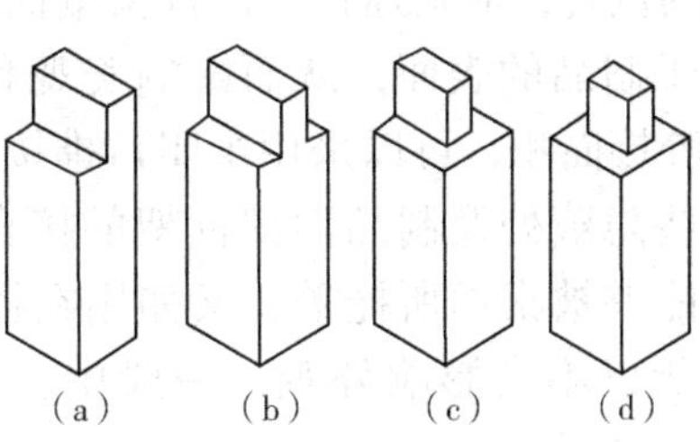

图 2-5　榫头的切肩形式

（a）单面切肩榫；（b）双面切肩榫；
（c）三面切肩榫；（d）四面切肩榫

3. 按榫头与方材的关系分

有整体式榫和分体式榫。整体榫是直接在方材上加工榫头——榫头与方材是一个整体，而分体式榫的榫头与方材不是同一块材料。直角榫、燕尾榫一般都是整体榫。整体式椭圆榫、圆榫是直角榫的改良型，克服了直角榫接合的榫眼加工生产效率低、劳动强度较大、榫眼壁表面粗糙等缺陷,在框架类现代实木家具中广泛被采用。插入圆榫、椭圆形榫属于分体式榫。分体式榫与整体榫比较,可显著地节约木材和提高生产率。如使用分体式圆榫,榫头可以集中在专门的机床上加工,省工省料。圆榫眼可采用多轴钻床,一次定位完成一个工件上的全部钻孔工作,既简化了工艺过程,也便于板式部件的安装、定位、拆装、包装和运输,同时为零、部件涂饰和机械化装配提供了条件。

4. 按榫头与榫眼(或榫沟)接合的情况分

有开口榫、闭口榫、半闭口榫,贯通榫与不贯通榫等,如图2-6所示。实际使用时,上述几种榫接合是相互联系、可以灵活组合的。

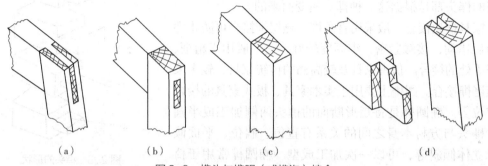

图 2-6　榫头与榫眼(或榫沟)接合

(a)开口、贯通直角榫;(b)闭口、贯通直角榫;(c)闭口、不贯通直角榫;(d)半闭口、不贯通直角榫

例如,单榫可以是开口的贯通榫,也可以是半闭口的不贯通榫接合等。开口、贯通直角榫接合加工简单,但接合力低,且榫端及榫头的一边显露在外表,影响家具的外观,所以只能用于受力不大、装饰要求不高的部件。闭口、贯通直角榫接合虽然接合力大,但榫端暴露在外,影响装饰质量,其适用于受力大的结构和不透明涂饰的家具。闭口、不贯通榫接合榫端不外露,不影响表面的外观,中高级家具的装饰表面都可采用。开口榫在装配过程中,当胶液尚未凝固时,零部件间常会发生扭动,使其难于保持正确的位置,而贯通榫,因榫头端面暴露在外面,当含水率发生变化时,榫头会突出或凹陷于制品的表面,从而影响美观和装饰质量。为了保持装配位置的正确,又能增加一些胶接面积,可以采用半闭口榫接合。它具有开口榫及闭口榫两者的优点,一般应用于某些隐蔽处及制品内部框架的接合。如桌腿与桌面下的横向方材处的接合,榫头的侧面能够被桌面所掩盖,又如用在椅档与椅腿的接合处等,因为椅档上面还有座板盖住,所以不会影响外观。一般中、高级家具的榫接合主要采用闭口、不贯通榫接合。

有时因零件的断面尺寸、材料的力学性质、木材的纹理方向、接合强度要求、接合点的位置等情况比较特殊,在同一接合部位上采用单一形式的榫往往难于满足接合要求,此时可将几种榫组合使用,图2-7是直角榫与圆榫组合的一例。这种组合榫接合常用于零件的断面尺寸较小而接合强度要求较高的场合。图2-8是指形榫与圆榫组合的一例。虽然指形榫的接合强度高,一般不需要与其他榫组合,但在图2-8中的L形零件上,指形榫的方向垂直于木材纹理,其强度极低,此时插入一个圆榫进行补强。

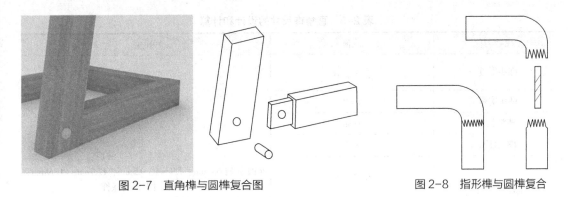

图 2-7 直角榫与圆榫复合图　　　　图 2-8 指形榫与圆榫复合

二、直角榫接合的技术要求

家具制品被破坏时，破口常出现在接合部位，因此在设计家具产品时，一定要考虑榫接合的技术要求，以保证其应有的接合强度。

正常情况下，直角榫榫头位置应处在零件断面中间，使两肩同宽。如使用单肩榫或两肩不同宽，则应保证榫孔边有足够厚度，一般硬材≥6mm，软材≥8mm，对于直角榫而言，装配后榫颊面都必须与榫孔零件的纹理平行，以保证接合强度。为了提高直角榫接合的强度，还应合理确定榫头的数目、方向、尺寸及榫头与榫眼配合关系。

1. 榫头数目及尺寸

直角榫的榫头数目及尺寸见表 2-4、表 2-5。

表 2-4 直角榫的榫头数目

一般要求		榫头数目 n（$n>A/2B$）		
推荐值	零件断面尺寸	$A<2B$	$4B>A \geq 2B$	$A \geq 4B$
	推荐榫头数目	单榫	双榫	多榫

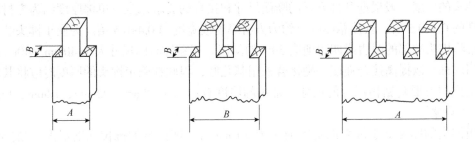

注：遇到下列情况之一时，需增加榫头数目。
①要求提高接合强度。
②按上表确定数目的榫头厚度尺寸太大，一般榫厚以 9.5mm 为宜，15.9mm 为极限。

表 2-5 直角榫尺寸的设计和计算

尺寸名称	取值	备注
榫头厚度 a	$\sum a \approx \frac{1}{2} A$	a 值系列 6.4mm、7.9mm、9.5mm、12.7mm、15.9mm，优先取 9.5mm 当 $B>6a$ 时需改为减榫 优先保证眼底至材底距离 $C \geq 6$ 保证榫孔距边材 $f \geq (6\sim8)$ mm
榫头宽带 b	$b=B$	
榫头长度 l	$l=3a$	
榫头距离 t	$t=a$	
榫肩宽（t_1、t_2）	$t_1 \geq \frac{1}{2}a$ $t_2 \equiv (0\sim\frac{1}{2})a$	
榫端四边倒角	$1.5 \times 45°$	
减榫短舌宽 b_1	$b_1=1.5a$	
减榫短舌长 l_1	$l_1=0.5a$	
减榫榫宽 b_2	$b_2 \approx 3a$	
减榫榫间距离 s_2	$s_2=(1\sim3)a$	

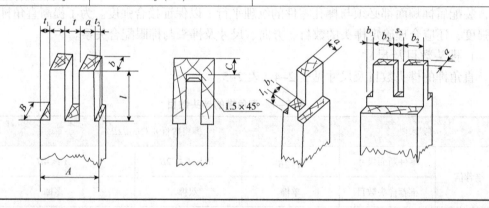

2. 榫头厚度

榫头的厚度一般根据开榫方材的断面尺寸和接合的要求来定。单榫厚度约为方材厚度或宽度的 0.4~0.5 倍；双榫总厚度也约为方材厚度或宽度的 0.4~0.5 倍。为便于榫头装入榫眼，常将榫头端部的两边或四边削成 30° 的斜棱。当零件断面尺寸大于 40mm×40mm 时，应采用双榫，以提高接合强度。榫接合采用基孔制，因此在确定榫头的厚度时应将其计算值调整到与方形套钻相符合的尺寸，常用的厚度有：6mm、8mm、9.5mm、12mm、13mm、15mm 等规格。

当榫头的厚度等于榫眼的宽度或小于 0.1mm 时，榫接合的抗拉强度最大。当榫头的厚度大于榫眼的宽度，接合时胶液被挤出，接合处不能形成胶缝，则强度反而会下降，且在装配时容易产生劈裂。

3. 榫头宽度

榫头的宽度视工件的大小和接合部位而定。一般来说，榫头的宽度比榫眼长度大 0.5~1.0mm 时接合强度最大，硬材取 0.5mm，软材取 1mm。当榫头的宽度大于 25mm 以上时，宽度的增大对抗拉强度的提高并不明显，所以当榫头的宽度超过 60mm 时，应从中间锯切一部分，分成两个榫头，以提高接合强度。

榫头厚度、宽度与断面尺寸的关系如图 2-9 所示。开口榫接合时，榫头宽度等于方材零件的宽度；用闭口榫接合时，榫头宽度要切去 10~15mm；用半闭口榫接合时，榫头宽度上半闭口部分应切去 15mm，半开口部分长度应大于 4mm。

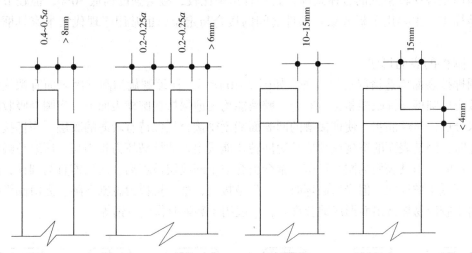

图 2-9　榫头厚度、宽度与断面尺寸的关系

4. 榫头长度

榫头的长度根据接合形式而定。采用贯通榫时，榫头长度一般要略大于榫眼深度 3~5mm，以便接合后刨平。不贯通接合时，榫头的长度应大于榫眼零件宽度或厚度的一半，同时榫眼的深度应大于榫头长度 2mm，这样可避免由于榫头端部加工不精确或涂胶过多而顶住榫眼底部，形成榫肩与方材间的缝隙，同时又可以贮存少量胶液，增加胶合强度。根据有关生产单位的实践经验，榫头长度为 15~35mm 时，抗拉、抗剪强度随尺寸增大而增加；当榫头长度超过 35mm 时，上述强度指标反而随尺寸增大而下降。由此可见，榫头不宜过长，一般在 25~35mm 范围内接合强度最大。

5. 榫头、榫眼（孔）的加工角度

榫头与榫肩应垂直，也可略小，但不可大于 90°，否则会导致接缝不严。暗榫孔底可略小于孔上部尺寸 1~2mm，不可大于上部尺寸；明榫的榫眼中部可略小于加工尺寸 1~2mm，不可大于加工尺寸。

6. 对木纹方向的要求

榫头的长度方向应与方材零件的纤维方向基本一致，否则易折断。如确实因接合要求倾斜时，倾斜角度最好不大于 45°。榫眼开在纵向木纹上，即弦切面或径切面上，开在端头易裂且接合强度小。榫眼的长度方向应与方材零件的木材纤维方向基本一致。

直角榫接合除遵循以上的技术要求外，还需要考虑它的使用情况和受力状态。如家具门扇的角部接合，要求接合强度大，就需要采用闭口榫，在榫头宽度上切去一部分，即三面切肩，有时是四面切肩。锯截时要注意保持榫肩与榫头侧面的正确角度，被截去部分不应小于 10mm，但也不宜过大，否则也会降低接合强度。

随着家具生产机械化程度的提高，椭圆榫现被广泛采用。椭圆榫是一种特殊的直角榫，它与普通直角榫的区别在于其两侧都为半圆柱面，榫眼两端亦与之同形。椭圆榫接合的尺寸和技术与直角榫接合基本相同，只是椭圆榫仅可设单榫而无双榫和多榫，榫宽通常

与榫头零件宽度相同或略小。

三、圆榫接合的技术要求

圆榫是现在较常见的分体式榫,其与直角榫比较,接合强度约低30%,但较节省木料、易加工,主要用于板式家具部件之间的接合与定位,也常用于现代实木家具框架的接合。

1. 圆榫的表面形状

圆榫按表面构造情况有许多种,如图2-10所示。压缩螺旋沟圆榫因表面有螺旋压缩纹,接合后圆榫与榫眼能紧密地嵌合,胶液能均匀地保持在圆榫表面上。当圆榫吸收胶液中的水分后,压纹润胀,使榫接触的两表面能紧密接合且保持有较薄的胶层。当榫接合遭到破坏时,因其表面的螺旋纹须边拧边回转才能拔出,故抗破坏力相当高。压缩鱼鳞沟圆榫被破坏时,因其表面的网纹过密,常会引起整个网纹层被剥离。而压缩直沟圆榫,虽说强度并不低于螺纹状,但受力破坏时,一旦被拔动,整个抗拔力急剧下降。光滑圆榫接合时,由于胶液易被挤出而形成缺胶现象,一般用于装配时作定位销等。

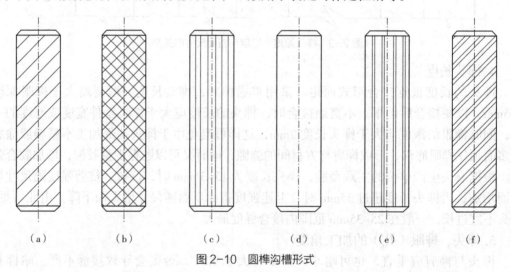

图2-10 圆榫沟槽形式

(a)压缩螺旋沟;(b)压缩鱼鳞沟;(c)压缩直沟;(d)压缩光面;(e)铣削直沟;(f)铣削螺旋沟

2. 圆榫用材及含水率

制造圆榫的材料应选密度大、纹理通直细密、无节无朽、无虫蛀等缺陷的中等硬度和韧性的木材。如柞木、水曲柳、青冈栎、色木、桦木等。

圆榫的含水率应比家具用材低2%~3%,以便施胶后,圆榫吸收胶液中的水分而润胀,增加接合强度。圆榫应保持干燥,圆榫制成后用塑料袋密封保存。

3. 圆榫的直径、长度

圆榫的直径为板材厚度的0.4~0.5,目前常用的规格有6mm、8mm和10mm。

圆榫的长度为直径的3~4倍。目前常用的为32mm,不受直径的限制。

4. 圆榫的涂胶、加工及配合

涂胶方式直接影响接合强度,可以一面涂胶也可以两面(圆榫和榫孔)涂胶,如果一面涂胶应涂在圆榫上,使榫头充分润胀以提高接合力。榫孔涂胶强度要差一些,但易实现机械化施胶；圆榫与榫孔都涂胶时接合强度最佳。

常用胶黏剂为脲醛树脂胶和聚醋酸乙烯酯乳液胶。常用胶种按接合强度由高到低排列如下：混合胶（75%的脲醛树脂胶+25%的聚醋酸乙烯酯乳液胶）；脲醛树脂胶；聚醋酸乙烯酯乳液胶；动物胶。

圆榫两端应倒角，以便装配插接；表面沟纹最好用压缩方法制造，以便存积胶料，接合后榫头吸湿膨胀效果好，可以提高接合力。圆榫与榫孔长度方向的配合应采用间隙配合，即圆孔深度大于圆榫长度，间隙大小为0.5~1.5mm时强度最高；圆榫与榫孔的径向配合应采用过盈配合，过盈量为0.1~0.2mm时强度最高。在实木上使用圆榫接合时要求榫头与榫眼配合紧密或榫头稍大些。但用于板式家具中，基材为刨花板时，过大就会破坏刨花板内部结构。圆榫的接合尺寸见表2-6。

表2-6 圆榫的接合尺寸

尺寸名称	计算公式	备注
圆孔直径 d	d=（0.4~0.5）s	
榫孔直径 D	D=d-（0~0.2）m	
圆榫长度 l	l=（3~4）d	s——被连接零件的厚度
榫孔总长度 L	L=l+（0.5~3）m	
榫端倒角	l45°	

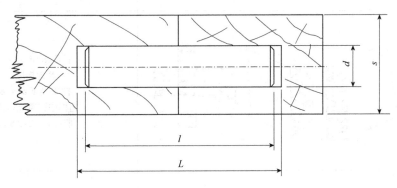

圆榫尺寸推荐值（mm）		
被连接零件的厚度	圆榫直径	圆榫长度
10~12	4	16
12~15	6	24
15~20	8	32
20~24	10	30~40
24~30	12	36~48
30~36	14	42~56
36~45	16	48~64

5.圆榫的数量与间距

两零件间连接，至少使用圆榫两个，以防止零件转动，较长接边用多榫连接，榫间距一般为96~160mm。

四、燕尾榫接合的技术要求

采用燕尾榫接合时,顺燕尾方向的抗拔性强,榫亦可不外露。燕尾榫接合主要用于箱框的角部连接,其接合技术要求与直角榫接合相似。燕尾榫的种类和尺寸见表2-7。

表2-7 燕尾榫接合的尺寸与种类

种类	结构简图	尺寸
燕尾单榫		斜角 $\alpha=8°\sim12°$ A 为零件尺寸 榫根尺寸 $a=1/3A$
马牙单榫		斜角 $\alpha=8°\sim12°$ A 为零件尺寸 榫根尺寸 $a=1/2A$
明燕尾多榫		斜角 $\alpha=8°\sim12°$ B 为板厚 榫中腰宽 $a\approx B$ 边榫中腰宽 $a_1=2/3a$ 榫距 $t=(2\sim2.5)a$
半全隐燕尾多榫		斜角 $\alpha=8°\sim12°$ B 为板厚 留皮厚 $b=1/4B$ 榫中腰宽 $a\approx 3/4B$ 边榫中腰宽 $a_1=2/3a$ 榫距 $t=(2\sim2.5)a$

五、指形榫接合技术要求

指形榫一般用于实木家具短料接长,目前广泛用于指接集成材的制造。指形榫尺寸见表2-8。

表 2-8 标准指形榫尺寸

指形榫类别	指长 l (mm)	指距 t (mm)	指顶宽 b (mm)	宽距比 W ($W=b/t$)	指斜角 α (°)	指顶隙 s (mm)
I 类 $W \leq 0.17$	10	4	0.6	0.15	7.99	0.03
	12	4	0.4	0.10	7.61	0.03
	15	6	0.9	0.15	7.98	0.03
	20	8	1.2	0.15	7.98	0.03
	25	10	1.5	0.15	7.98	0.03
	30	12	1.8	0.15	7.98	0.03
	35	12	1.8	0.15	6.85	0.03
	40	12	2.0	0.17	5.71	0.03
	45	12	2.0	0.17	5.08	0.03
II 类 $<0.17W \leq 0.25$	10	3.5	0.7	0.20	6.01	0.03
	15	6	1.5	0.25	5.72	0.03
	20	8	1.6	0.20	6.85	0.03
	25	9	1.8	0.20	6.17	0.03
	30	10	2.0	0.20	5.72	0.03

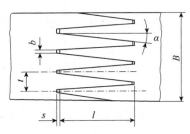

注：引自《指接材》(LY/T 1351—1999)。

榫结构的形式很多，下面以应用实例加以介绍，见表2-9至表2-11。

表 2-9 贯通榫

简图	名称	说明
	单肩贯通榫	此结构一般在制榫方材较薄时使用
	双肩贯通榫	此结构是在木家具支架结构中最常用的一种

（续）

简图	名称	说明
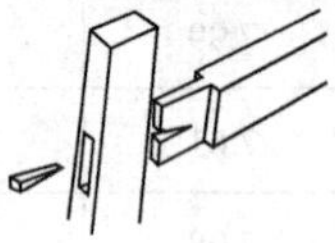	楔钉双肩贯通榫	此结构是双肩贯通榫的加强，常用在椅、凳类家具的支架结构上
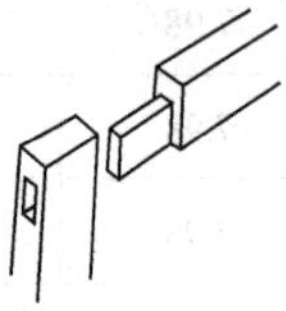	闭口贯通榫	此结构大多用于框架部件上、下冒头的榫接合
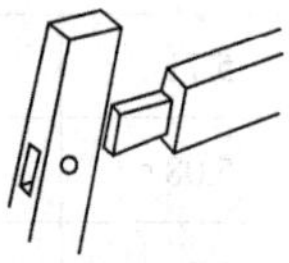	四肩贯通榫	此结构用于框架中的横撑
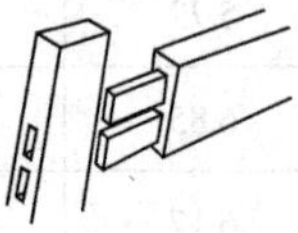	双贯通榫（纵向）	双贯通榫结构用于较宽的制榫木材，同时增加胶着面，以提高结构强度
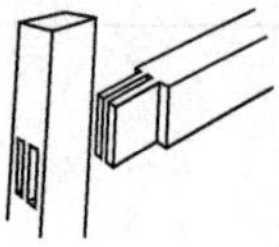	双贯通榫（横向）	此结构用于较厚的制榫木材，如建筑上的门框
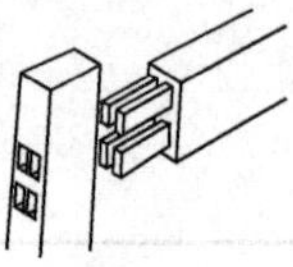	四贯通榫	此结构大多数用于建筑木工及室内装修
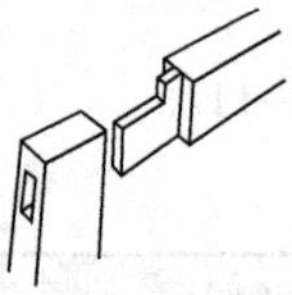	半闭口贯通榫	此结构在家具部件上用于较大的门和旁板框架
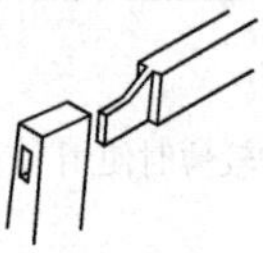	斜角半闭口贯通榫	此结构在家具部件上用于较大的门和旁板框架
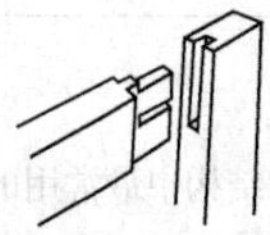	半闭口双贯通榫	此结构用于家具部件较宽的框架冒头零件上，以增加强度

表 2-10　不贯通榫

简图	名称	说明
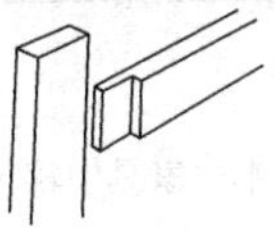	单肩不贯通榫	此结构一般在制榫方材较薄时使用
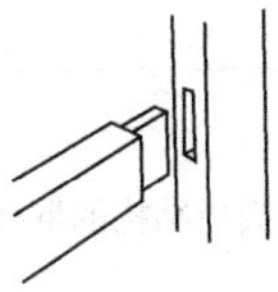	双肩不贯通榫	此结构是在木家具框架、支架结构中最常用的一种
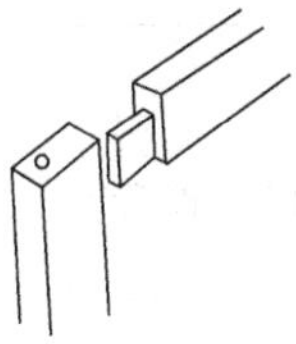	闭口不贯通榫	此结构大多用于框架部件上下冒头的榫接合
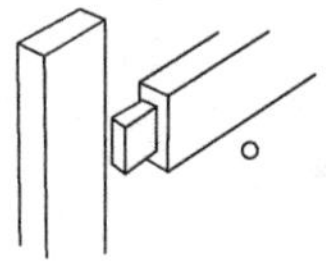	四肩不贯通榫	此结构用于框架中的横撑
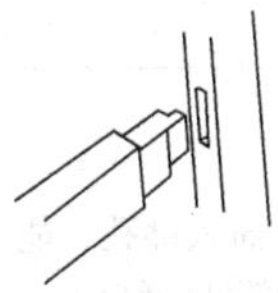	暗楔双肩不贯通榫	此结构只能一次性装配，接合强度高，但配合要准确，否则装配困难
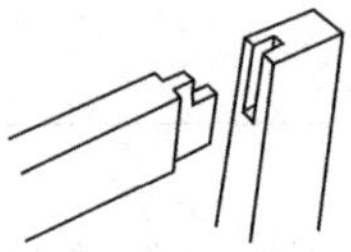	半闭口不贯通榫	此结构用于较大的框架部件
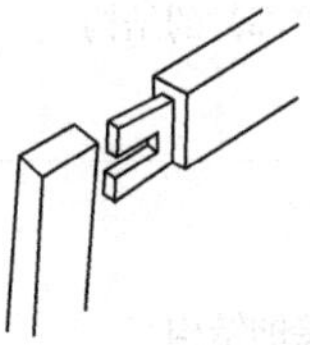	不贯通双榫（纵向）	此结构用于较宽的制榫木材，常用于大衣柜门框下的冒头上
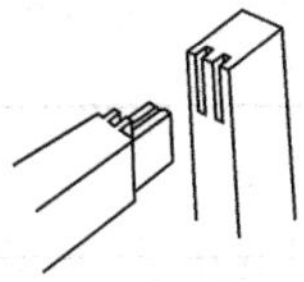	不贯通双榫（横向）	此结构用于较厚的制榫木材，如家具的大型支架部件
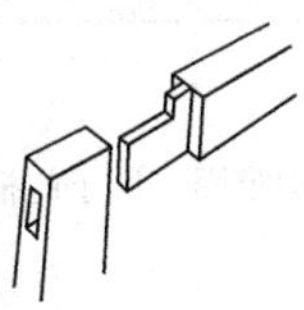	三角插肩不贯通榫	适用于线条贯通的框架部件

（续）

简图	名称	说明
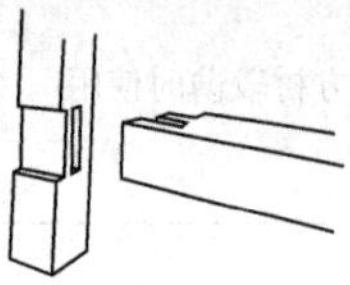	包肩夹角不贯通榫	此结构在中国式、日本式家具中较多应用
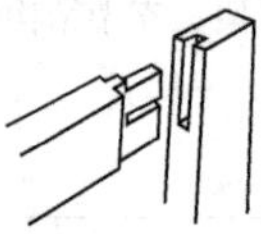	包肩榫	用于倒圆角或平面角嵌板结构的框架部件
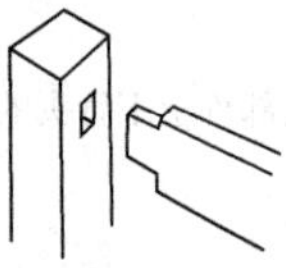	双肩板榫	这是薄型板条的最简单的榫接合
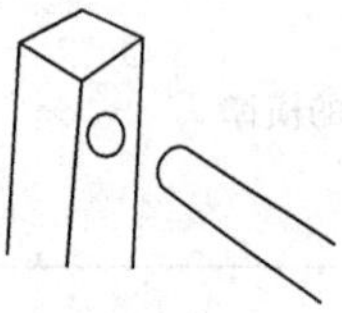	圆棒暗榫	用于强度不高的拉挡
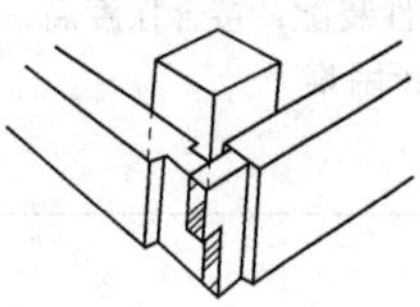	双交叉串榫	两个榫头交叉开口，插入榫孔，能保持较高的强度，多用于椅腿等部件的结构
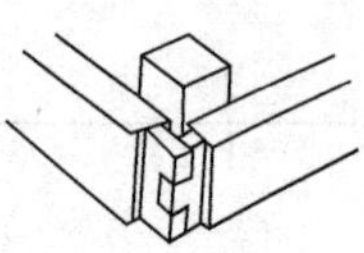	三交叉串榫	两个榫头交叉开口，插入榫孔，能保持较高的强度，多用于椅腿等部件的结构
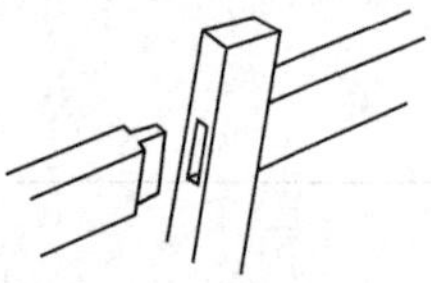	十字双面插榫	适用于多量竖向连接的结构

表 2-11 夹角榫

简图	名称	说明
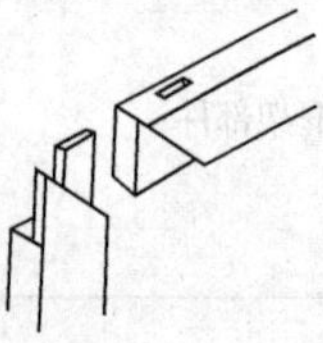	翘皮夹角贯通榫	此结构表面美观，结构牢固，用于门框等框架结构的部件

（续）

简图	名称	说明
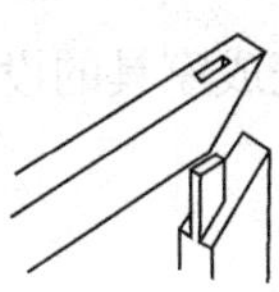	夹角贯通榫	多用于门、面框等框架部件的结构
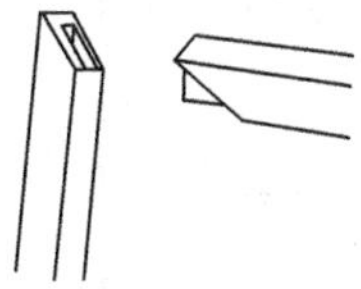	双肩斜角暗榫	适用于家具的框架部件结构
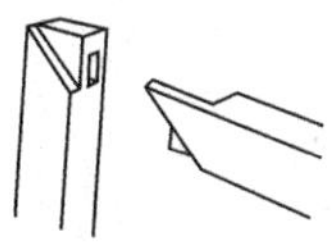	翘皮夹角榫	适用于家具的框架部件结构
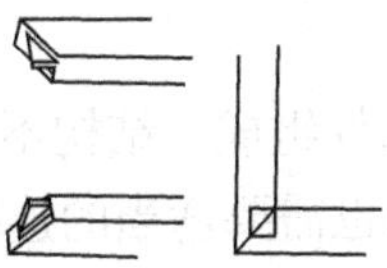	交叉斜角暗榫	适用于家具的框架部件结构
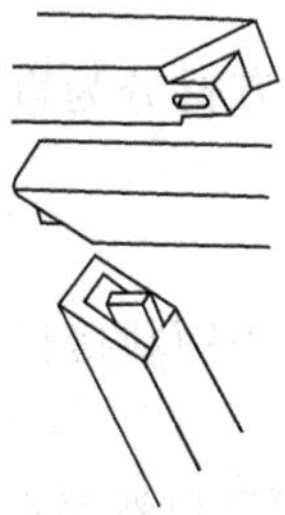	二向斜角暗套榫	用于要求坚固的框架部件

【任务实施】

（1）对指定简易实木家具从材料性能、力学强度、生产工艺性、装饰性等方面进行结构分析。

（2）研究榫接合的类型及相关技术要求，选择合适的接合方式。

（3）根据榫头和榫眼的配合要求，设计榫接合结构。

【课后练习】

1. 简述榫接合按榫头形状区分的种类、特点及应用。
2. 简述榫接合按榫头数目区分的种类、特点及应用。
3. 简述榫接合按榫头与榫眼（或榫槽）接合情况区分的种类、特点及应用。
4. 简述确定直榫榫头数目、厚度、宽度、长度及榫眼的宽度、厚度、深度的方法。
5. 简述直榫榫接合结构设计时的注意事项。

6. 简述圆榫接合的具体技术要求。
7. 简述燕尾榫接合的具体技术要求。
8. 简述确定指形榫相关尺寸的方法。
9. 选择一个简易的实木家具进行榫接合结构设计，按制图标准完成家具的设计图、拆装图、零部件图。

任务三　实木家具基本部件结构设计

【学习目标】
>>知识目标
1. 了解板式部件结构形式及特点。
2. 熟悉方材、拼板、木框、箱框等实木家具基本部件结构形式及特点。
>>能力目标
1. 能进行实木家具基本部件结构设计。
2. 能进行传统实木家具结构设计。

【工作任务】
简易实木家具基本部件结构设计。

【知识准备】
实木家具是由方材、拼板、板式部件、木框、箱框五种基本部件组成。结构不同，组成的基本部件也不同。基本部件本身有一定的构成方式，部件之间也需要适当的连接。

一、方材

矩形断面的宽度与厚度尺寸比小于1∶3的实木原料称为方材。方材分为直形方材与弯曲方材两种。家具结构设计中使用方材的设计要点。

①尽量采用整块实木加工。
②在原料尺寸比部件尺寸小或弯曲件的纤维被割断严重时，应改用短料接长。
③需加大方材断面时，可在厚度、宽度上采用平面胶合方式拼接。
④弯曲件接长方法如图2-11所示，其中，指形榫接合强度高，而且自然美观，应用效果最好，但必须有专用刀具。斜接强度也能达到要求，接合美观且较易加工，但木材加工损失较大，其他接合方式可用通用设备，加工也比较简单。以上各种方法在接合强度、外观效果上各有特点，可根据具体情况选择。但不管选用那种方式，都必须注意零件的表面质量。
⑤直形方材的接长可采用与弯曲件同样的接长方法，通常直形件受力较大，优先采用指榫接、斜接和多层对接。
⑥整体弯曲件除采用实木锯制外，还可以用实木弯曲和胶合弯曲，这两种弯曲件无接口，强度高且美观，应用效果比实木锯制和所有短料接长弯曲件都好，但对木材、树种、设备、技术等要求都较高。

此外实木压缩弯曲技术是20世纪90年代丹麦推出的最新弯曲技术。该技术与传统的压缩木和弯曲木不同，采用纵向压缩，使木材细胞壁在长轴方向产生皱褶，从而使压缩木具有三维弯曲特性。这种特性极大地促进了家具、装饰、工艺等产品的创新发展，是目前

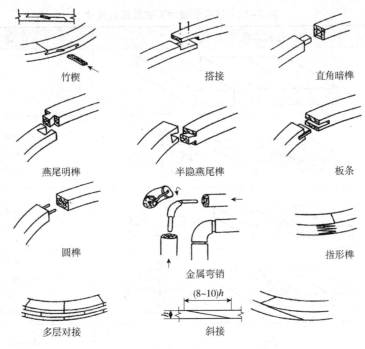

图 2-11 弯曲件接长方法

国际上非常流行并广受欢迎的弯曲木材料。传统的弯曲技术都是单方向弯曲，而且还要趁热弯曲，而顺纹压缩木可以进行多向弯曲，同时可以极其轻易地对其进行冷弯曲（或热弯曲）。弯曲后的木料经空气干燥处理或烘干后，其形状会保持不变，其力度性能将会恢复到与未被压缩的干木材相同。运用这种技术，人们可以随心所欲地把木材弯曲成 S 型、螺旋型、渐开线型，为家具造型的多样化开辟了新天地。

实木的压缩弯曲技术在 20 世纪 90 年代后期才引入中国。因此，该项技术在我国尚处在发展阶段，还有很多技术问题需要去探索和不断完善。我国地域辽阔，木材树种繁多，应不断寻求更多的适用树种，拓宽原料来源。压缩弯曲木产品刚刚面世，产品品种和艺术造型有待进一步研究开发。要根据产品的不同厚度和曲率半径，选用最经济合理的制造工艺，简化生产程序，提高木材利用率。

二、拼板结构

拼板结构板件简称拼板，是由数块实木板侧边拼接构成的板材。目前应用较广的指接集成板是实木拼板结构的一种较特殊的形式。传统框式家具的桌面板、台面板、柜面板、椅座面板、嵌板等都采用实木拼板结构。拼板的结构应便于加工，接合要牢固，形状、尺寸应稳定。为了保证形状、尺寸的稳定，尽量减少拼板的干缩和翘曲，单块木板的宽度应有所限制；树种、材质、含水率应尽可能一致且要满足工艺要求；拼接时，相邻两窄板的年轮内外方向应交错排列。

1. 拼板的接合方式

拼板的接合方式有平拼、企口拼、搭口拼、穿条拼、插入榫拼等，表 2-12 为几种常用的接合方式及接合尺寸。

表 2-12　拼板的接合方式及接合尺寸

方式	结构简图、接合方式	备注
平拼		
企口拼		$b=0.3B$ $a=1.5b$ $A=a+2mm$
搭口拼		$b=0.5B$ $a=1.5b$
穿条拼		$b=0.3B$ （用胶合板条时可更薄） $a=B$ $A=a+3mm$
插入榫拼		$d=(0.4\sim0.5)B$ $l=(3\sim4)d$ $L=l+3mm$ $t=150\sim250mm$
明螺钉拼		$l=32\sim38mm$ $l_1=15mm$ $\alpha=15°$ $t=150\sim250mm$
暗螺钉拼		$D=d_1+2mm$ $b=d_2+1mm$ $l=15mm$ $t=150\sim250mm$ d_1——螺钉头直径 d_2——螺钉杆直径

平拼是将窄板的侧边（接合面）刨平刨光，拼接时主要靠胶黏剂接合的拼接方法。平拼不需开榫打眼，加工简单，材料利用率高，生产效率也高。如果窄板侧边加工精度很高，胶黏剂质量好且胶合工艺恰当，可以接合得很紧密。破坏时，接合面甚至可以比木材本身的接合还要牢固。此法应用较广，但在拼合时，板面应注意对齐，否则表面易产生凹凸不平现象。

企口拼又称槽簧拼、凹凸拼。采用这种方法是将窄板的一侧加工成榫簧，另侧开榫槽。企口拼操作简单，材料消耗同裁口拼，接合强度比平拼低。但此法拼合质量较好，当拼缝开裂时，一般仍可保证板面的整体性。企口拼常用于面板、密封包装箱板、标本柜的密封门板等处，还用于气候恶劣的情况下所使用的部件。

裁口拼又称搭口拼、高低缝拼合。这是一种板边互相搭接的方法，搭接边的深度一般是板厚度的一半。裁口拼容易使板面对齐，材料利用上没有平拼接合经济，要多消耗

6%~8%，耗胶量也比平拼略多。

穿条拼先要在窄板的两侧边开出凹槽，拼合时再向槽中插入涂过胶的木板条或胶合板条等。插入木板条的纤维方向应与窄板的纤维方向垂直。穿条拼加工简单，材料消耗基本同平拼，是拼板结构中较好的一种，在工厂生产中应用较为广泛。

插入榫拼，在窄板的侧面钻出圆孔或长方形孔，拼合时，在孔中插入形状、大小与之相配的圆榫或方榫。榫的材料可用木材，也可用竹材等。我国南方地区也有用竹销代替圆榫的。方榫加工较复杂，生产中应用较少。此法要求加工精确，材料消耗同平拼。

金属片拼，将波纹形、S形等不同断面形状的金属片，垂直打入拼板接缝处即成。此法强度较小，常用在受力较小的拼板或有覆面板的芯板中。

2. 拼板的防翘结构

采用拼板时，由于木材含水率发生变化，拼板的干缩是不可避免的，为了防止和减少拼板发生翘曲的现象，应加防翘结构。方法是在拼板的两端设置横贯的木条，表2-13为几种常用的防翘结构。其中以穿带结构的防翘效果最好，优先采用。防翘结构中，穿带、嵌端木条、嵌条与拼板之间不要加胶，允许拼板在湿度变化时能沿横纤维方向自由胀缩。

表2-13 拼板防翘结构

方式	结构简图、接合方式		备注
穿带			$c=0.25A$ $a=A$ $b=1.5A$
嵌端			$a=0.3A$ $b=2A$ $b_1=A$
嵌条			$a=0.3A$ $b=1.5A$
吊带			$a=A$ $b=1.5A$

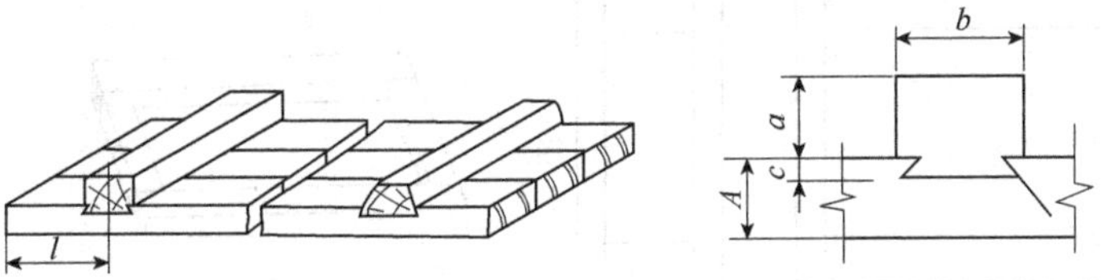

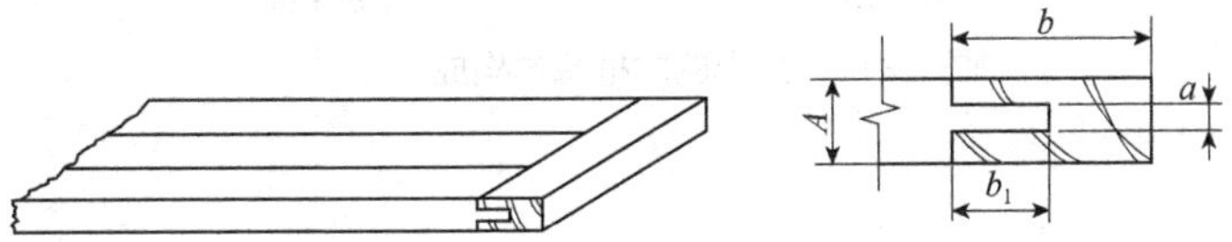

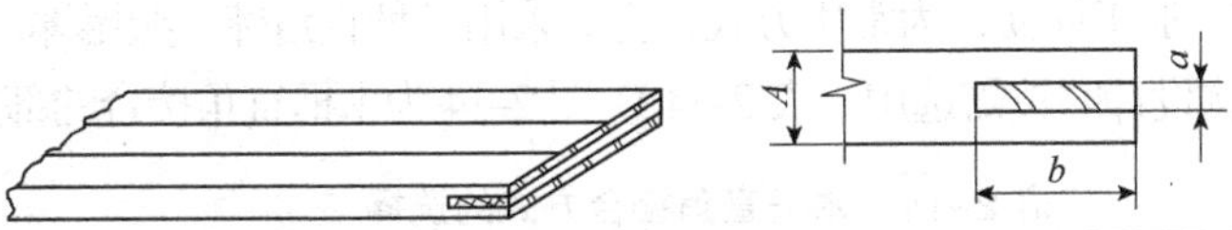

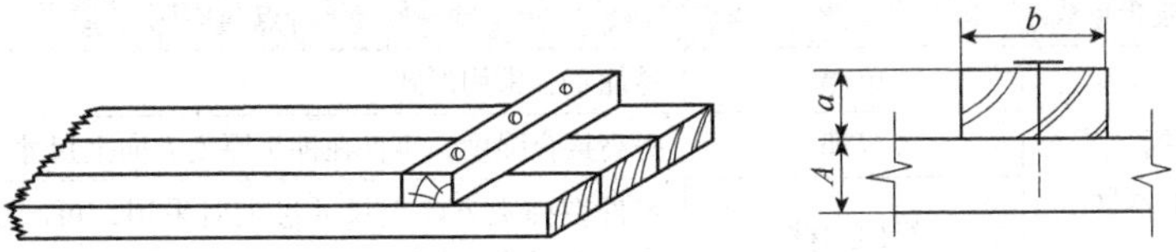

三、木框结构

框架部件是框式家具的典型部件之一。框架至少是由纵向、横向各两根方材围合而成的。纵向方材称为立边，框架两端的横向方材称为帽头。如在框架中间再加方材，横向的方材称为横档（横撑），纵向的方材称立档（立撑）。框架部件结构各部分名称，如图2-12所示，构成框架的方材尺寸因结构而异。一般宽度为29~52mm，厚度为13~34mm，中档尺寸与边框相同或略窄。

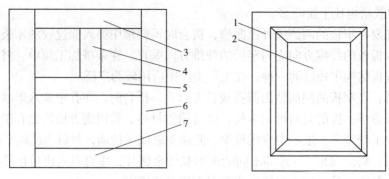

图 2-12 框架部件结构

1. 木框；2. 嵌板；3. 上帽头；4. 立档；5. 横档；6. 立边；7. 下帽头

　　框架的框角接合方式，可根据方材断面及所用部位的不同，采用直角接合、斜角接合、中档接合等多种形式。家具的木框构成有垂直木框（竖放木框）和水平用的木框（平放木框）两种（图 2-13）。通常情况下，竖放木框应使竖挺夹横档，即让竖挺两端直贯到木框外则，给人以支撑有力感。平放的木框应使长档夹短档，这样，矩形木框看起来其主要形状就多与其长轴平行而获得协调美感。

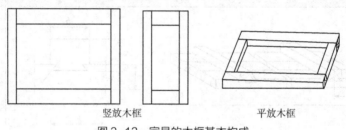

图 2-13　家具的木框基本构成

1. 直角接合

　　直角接合牢固大方、加工简便，为常用方式，主要采用各种直角榫、燕尾榫，也有用插入圆榫或连接件接合的，结构设计时按需选用（表 2-14）。图 2-14 为木框直角接合的部分典型形式。

表 2-14　木框直角接合方式的选择

接合形式			特点与应用
直角榫	依据榫头个数分	单榫	易加工，常用形式
		双榫	提高接合强度，零件在榫头厚度方向上尺寸过大时采用
		纵向双榫	零件在榫宽方向上尺寸过大时采用，可减少榫眼材的损伤，提高接合强度
	依据榫端是否贯通分	不贯通（暗）榫	较美观，常用形式
		贯通（明）榫	强度较暗榫高，宜用于榫孔件较薄，尺寸不足榫厚的 3 倍，而外露榫端又不影响美观之处
	依据榫侧外露程度分	半闭口榫	兼有闭口榫、开口榫的长处，常用形式
		闭口榫	构成木框尺寸准确，接合较牢，榫宽较窄时采用
		开口榫	装配时方材不易扭动，榫宽较窄时采用
燕尾榫			能保证一个方向有较强的抗拔力

(续)

接合形式	特点与应用
圆榫	接合强度比直角榫低30%,但省料,易加工,圆榫至少用两个以防方材扭转
连接件	可拆卸,需同时加圆榫定位

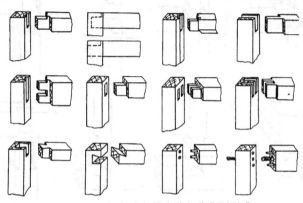

图 2-14 框架直角接合的部分典型形式

2. 斜角接合

斜角接合是将两根接合的方材端部榫肩切成45°的斜面(或单肩切成45°的斜面)后再进行接合的角部结构。斜角接合较美观,但强度略低,适用于外观要求较高的家具。斜角接合常用方式的特点与应用见表2-15。

表 2-15 木框斜角接合方式

接合方式	结构简图	特点与应用
单肩斜角榫		强度较高,适用于门扇边框等仅一面外露的木框角接合,暗榫适用于脚与望板间的结合
双肩斜角明榫		强度较高,适用于柜子的小门、旁板等一侧边有透盖的木框接合
双肩斜角暗榫		外表衔接优美,但强度较低,适用于床屏、屏风、沙发扶手等四面都外露的部件角接合
插入圆榫		装配精度比整体榫低,适用于沙发扶手等角部接合
插入板条		加工简便,但强度低,宜用于小镜框等角部接合

3. 木框中档接合

木框的中档接合，包括各类框架的横档、立档，如椅子和桌子的牵脚档等。常用接合方式如图 2-15 所示，各种接合的特点与应用见表 2-16。

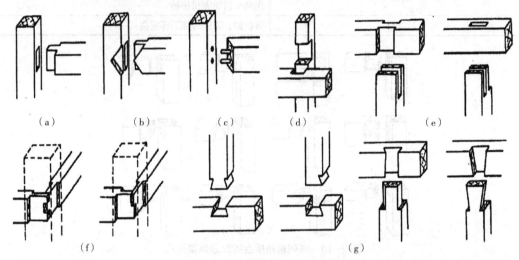

图 2-15 框架中档接合形式

(a) 直角榫；(b) 插肩榫；(c) 圆榫；(d) 十字搭接榫；(e) 夹皮榫；(f) 交插榫；(g) 燕尾榫

表 2-16 框架中档接合的特点与应用

接合方式	特点与应用
直角榫	接合最牢固，依据方材的尺寸、强度与美观要求设计，有单榫、双榫和多榫，分暗榫和明榫
插肩榫	较美观，在线型要求比较细腻的家具中与木框斜角配合使用
圆榫	省料，加工简便，但强度与装配精度略低
十字搭接	中档纵横交叉使用
夹皮榫	构成中档一贯到底的外观，如用于柜体的中挺
交插榫	两榫汇交于榫眼方材内时采用，如四脚用望角、横撑连接的脚架接合。交插榫避免两榫干扰保证榫长，还相互卡接提高接合强度
燕尾榫	单面卡接牢固，加工简便，主要用于覆面板内接合

4. 三方汇交榫结构

纵横竖三根方材相互垂直相交于一处，以榫相接，构成三方汇交榫结构[图 2-16 (a)]。其结构形式因使用场合不同而异，典型形式见表 2-17。节点部位的榫接合方式应根据零件的断面尺寸、节点部位的力学要求、零件间的位置关系、榫头的种类等具体情况，来决定节点部位的处理方法。

当榫眼零件的断面尺寸较大时，垂直相交两零件的榫头有足够的空间各自实现最佳的接合。当榫眼零件的断面尺寸较小时，垂直相交的两零件的榫头就要采用相互避让方法确保接合强度的最优化。具体方法如下。

①均衡法。均衡法是两零件的榫头相互交叉，尽可能增加榫头的长度。均衡法适用于两个方向上的力学要求没有明显差异的场合，如图 2-16 (c)、(e) 所示。

②优先法。优先法是优先强度要求相对高的零件，即两零件的榫头相互不交叉，强度要求相对高的零件取长榫头，另一个零件度取短榫头。优先法适用于两个方向上的力学要

求有明显差异的场合，如图 2-16（b）、（d）所示。

③错位法。错位法是垂直相交的两榫头零件在交汇处作错位处理，让两零件的榫头确保接合强度的最优化。错位法适用于两榫头零件在空间上存在位置可错开的场合，或是榫头零件宽度较大，两榫头在空间上存在位置可错开的场合，如图 2-17 所示。

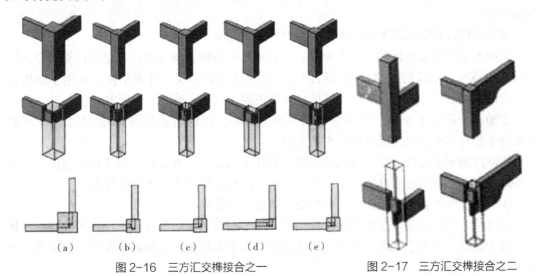

图 2-16 三方汇交榫接合之一　　　　图 2-17 三方汇交榫接合之二

表 2-17 三方汇交榫的形式与应用

接合方式	结构简图	应用举例	应用条件	结构特点
普通直角榫		椅、柜框架连接	①直角接合 ②竖方断面足够大	用完整的直角榫
插配直角榫		椅、柜框架连接	①直角接合 ②竖方断面不够大	纵横方材榫端相互减配、插配
错位直角榫		柜体框架上角连接	①直角接合 ②竖方断面不够大 ③接合强度可略低	用开口榫、减榫等方法使榫头上下相错
横竖直角榫		扶手椅后腿与望板的连接	①直角接合 ②弯曲的侧望、后望相对装入腿中	相对二榫头的颊面一横一竖保证后望榫长侧望榫接用螺钉加固
综角榫（三碰肩）		传统风格椅、柜、几的顶角连接	顶、侧朝外三面都需要有美观的斜角接合	纵横方材交叉榫数量按方材厚度决定，小榫贯通或不贯通

5. 木框嵌板结构

木框嵌板结构是一种传统结构，是框架式家具的典型结构。这种结构一般是在框架内侧四周的沟槽内嵌入各种板件（一般为木质拼板、饰面人造板、玻璃或镜子）构成木框嵌板结构。木框嵌板结构较烦琐，通常人造板不采用这种结构。木框嵌板结构形式，如图2-18所示。

家具结构设计中使用木框嵌板结构的设计要点如下。

①在木框中安装嵌板的方法有两种：一是在木框内侧直接开槽；二是在内侧裁口，嵌板用木条靠挡，木条用木螺钉或圆钉固定。开槽法嵌装牢固，外观平整，常用于拼板装设。裁口法便于板件嵌装，板件损坏后也易于更换，常用于玻璃、镜子的装设。

②槽深一般小于8mm，槽边距框面不小于6mm，嵌板槽宽常用10mm左右。木框的榫头应尽量与沟槽错位，以避免榫头被削弱。

③框内侧要求有凸出于框面的线条时，应用木条加工，并把它装设于板件前面；要求线条低于框面，则用边框直接加工，利于平整，这时木条则装设于板件背面。

④木框、木条、拼板起线构成的型面按造型需要设置。

⑤拼板的板面低于木框表面为常用形式，用于门扇、旁板等立面部件；板面与框面相平多用于桌面，少用于立面。板面凸出于框面适用于厚拼板，胀缩都不漏缝，较美观，但较费料费工，较少用。

⑥镜子的背面需用胶合板或纤维板封闭，前面的木条可用金属饰条取代，后面木条采用三角形断面更利于垫紧。

⑦板式部件中的镜子可采用木框嵌板方式嵌装于板件裁出的方框内；亦可装设于板面之上，用金属或木制边框固定，边框用木螺钉安装。

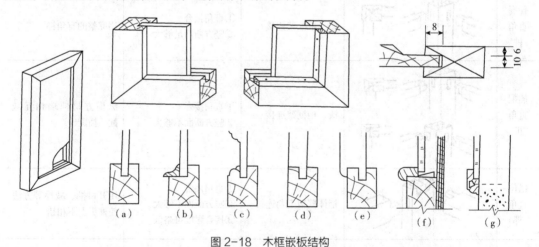

图2-18 木框嵌板结构

(a)槽榫装板法；(b)裁口装板法；(c)边框起线；(d)板框平齐；(e)板面凸出；
(f)木框嵌装镜子；(g)在板面上装镜子

四、箱框结构

箱框是四块以上的板材构成的框体。构成柜体的箱框，中部可能还设有中板。箱框结构主要用在仪器箱、包装箱及家具中的抽屉。箱框结构设计主要在于确定角部的接合方式和中板的接合方式。

1. 箱框角部接合方式

箱框角部的接合方式通常有直角接合和斜角接合两种，如图 2-19 所示。

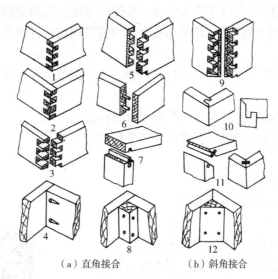

(a) 直角接合　　　　(b) 斜角接合

图 2-19　箱框角部接合方式

1. 直角榫；2. 斜形榫；3. 明燕尾榫；4. 暗螺钉；5. 半隐燕尾榫；
6. 圆榫；7. 插条；8. 木条；9. 全隐燕尾榫；10. 槽榫；11. 插条(斜角)；12. 木条(斜角)

2. 箱框中板接合方式

箱框中板，常用直角多榫、圆榫、槽榫等接合方式，如图 2-20 所示。

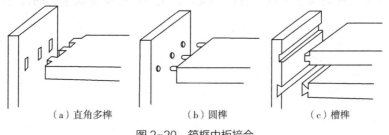

(a) 直角多榫　　　　(b) 圆榫　　　　(c) 槽榫

图 2-20　箱框中板接合

3. 箱框设计要点

①承重较大的箱框，如衣箱、抽屉、仪器盒等宜用拼板，采用整体多榫接合。拼板与整体多榫都有较高的强度。主要作围护用的箱框，如柜体，宜用板式部件。板式部件有不易变形的优点，它不宜用整体多榫，可采用其他接合方式。

②箱框角部接合中，接合强度以整体多榫为最高。在整体多榫中，又以明燕尾榫强度最高，斜形榫次之，直角榫再其次。在燕尾榫中，论外观，全隐榫的两个端头都不露，最美观；半隐榫有一个端头不外露，能保证一面美观。但它们的强度都略低于明榫。全隐燕尾榫用于包脚前角的接合；半隐燕尾榫用于包脚前角、包脚后角的接合；明燕尾榫、斜形榫用于箱盒四角接合；直角多榫用于抽屉后角接合。

③各种斜角接合都有使板端不外露，外表美观的优点，用于外观要求较高处。但接合强度较低。如结构允许，可再加塞角加强，即与木条接合法联用。木条断面可为三角形，

可为方形,用胶和木螺钉与板件连接。

④箱框中板接合中,直角多榫对旁板削弱较小,亦较牢固,但它仅用于拼板制的中板。板式部件可以在箱框构成后才插入中板,装配较方便,但对旁板有较大削弱,慎用。

⑤用板式部件构成柜体箱框,其角部及中部均宜采用连接件接合。

【任务实施】

(1) 按要求对指定简易实木家具从材料性能、力学强度、生产工艺性、装饰性等方面进行结构分析。

(2) 运用所学知识进行简易实木家具榫接合结构设计。

(3) 按制图标准完成设计图、拆装图、零部件图的绘制。

【课后练习】

1. 简述实木家具的基本部件。
2. 简述实木弯曲件接长的主要方法。
3. 简述拼板接合方法。
4. 简述防止和减少拼板发生翘曲的主要方法。
5. 简述木框框角接合的主要方法、特点及应用。
6. 简述木框中档接合的主要方法。
7. 简述箱框角部接合的主要方式。
8. 简述箱框中板接合的主要方式。
9. 图示说明木框部件结构。
10. 图示说明木框嵌板结构形式。
11. 选择一个简易的实木家具进行结构设计,按制图标准完成家具的设计图、拆装图、零部件图。

板式部件结构类型

项目二 实木家具典型结构设计

实木框架式椅子一般由支架、座面、靠背板、扶手等零部件构成，有拆装和非拆装两种结构形式。

任务一 实木椅类家具结构设计

【学习目标】
>> 知识目标
1. 熟悉实木椅类家具的结构形式。
2. 理解实木椅类家具拆装和非拆装两种结构形式的结构特点。
>> 能力目标
1. 掌握实木椅类家具拆装和非拆装形式结构设计方法。
2. 能进行传统实木家具及现代实木家具结构设计。

【工作任务】
拆装和非拆装结构形式椅子结构设计。

【知识准备】
传统实木家具又称框架式家具，它的原材料是实木，由榫接合的框架构件或框架嵌板结构构件组成，框架为承重构件，嵌板镶嵌于框架之上只起围合空间或分隔空间的作用。传统实木家具结构为整体式，不可拆装。现代实木家具有框架式结构和板式结构，所用的原材料是实木或与实木有相近加工和连接特征的材料，如实木拼板、集成材、竹集成材等，结构既有整体式，又有拆装式，但拆装式结构的比例越来越高，整体式实木家具以榫接合为主，拆装式实木家具则采用连接件接合，或是榫接合和连接件接合并用。

实木框架式椅子一般由支架、座面、靠背板、扶手等零部件构成。椅子支架的结构是否合理，直接影响椅子的使用功能与接合强度。如人坐在椅子上常会前后摆动或摇晃，这就要求椅子有足够的稳定性和刚性。支架通常由前腿、后腿、望板、拉档采用不贯通的直角榫连接构成。为了增加强度，常在椅腿与望板间用塞角加固，其中金属角接件的接合强度大于木塞角。座面支撑负荷大，且装饰性强，适于用实木拼板制作。座面固定在望板上，从座面下用暗螺钉连接。座面的横纹边用3个螺钉，顺纹边用2个螺钉。

实木框架式椅子有拆装和非拆装结构，其典型的结构如下。

一、非拆装式椅子典型结构

椅子的框架零件间采用直角榫接合，座面板用木螺钉与椅子的前后、左右望板连接。为了增强椅子的强度，在座面板下方框架的四个角部用塞角作为补强措施。图2-21（a）是用木螺钉将三角形木块与两望板连接，增强了望板与椅腿的连接强度。图2-21（b）是在图2-21（a）基

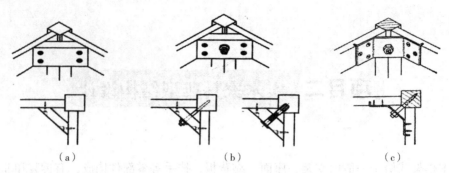

图 2-21　椅子框架的三角补强方法

础上增加了三角形木块与椅腿的连接。图 2-21（c）是用金属件代替了三角形木块。

二、拆装式椅子典型结构

实木桌椅常用固定装配结构，为便于包装和运输，也采用拆装结构。椅子拆分应遵循包装体积小、装配简捷、繁则集合、力学考量、成本节约等基本原则。包装体积小是相对的，如果将椅子拆分到每个零件，包装体积可能达到了最小化，但违背了其他几个原则。所以进行椅子结构拆分分析时，应综合考虑各个方面的因素，扬长避短，力求综合效果最优化。装配简捷是指装配简单、方便，能实现快速安装，甚至连非专业的人员也能安装。繁则集合是指将零件多、结构复杂部分集合成一个部件，该部件内零件间采用固定式（非拆装式）接合。力学考量是指考虑椅子的力学性能，确保受力后结构稳定牢靠。一般非拆装式接合较拆装式接合容易获取相对高的力学性能。

常用椅子的拆分方法有前后拆分法、上下拆分法、左右拆分法。前后拆分法适用于靠背部分零件多、结构复杂的椅子。上下拆分法适用于脚架部件或底座部件、座面连靠背的部件整体度较高，难于拆分的椅子。左右拆分法适用于上述两种情况以外，特别是对强度要求高的椅子。

图 2-22 是拆装式结构的一个实例。采用左右拆分法将椅子分解成以下几个部件或零件：由椅子前后腿、侧望板和拉档组成的 h 形部件，靠背部件、座面、前望板、后望板。h 形部件与靠背部件、前望板、后望板间采用拆装式接合，接合点用圆榫定位，通过螺杆与预埋螺母完成紧固连接。座面用木螺钉连接到前后望板上。图 2-23 是该椅子拆分后的全部零部件、定位圆榫、预埋螺母和螺杆。

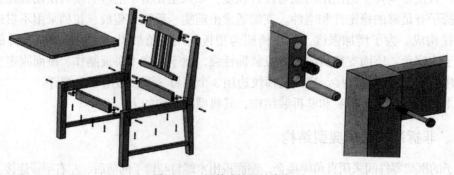

图 2-22　拆装式椅子结构之一

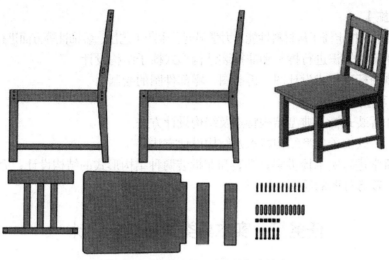

图 2-23 拆装式椅子的零件与连接件

图 2-24 是椅子拆装式结构的另一个实例。采用前后拆分法将椅子分解成以下几个部件或零件：由后腿、靠背、后望板组成的靠背部件，由前腿和前望板组成的门字形部件、座面、左右望板、左右拉档。靠背部件和门字形部件中零件间采用椭圆形榫接合，两部件与左右望板、左右拉档间采用拆装式接合，接合点用椭圆形榫定位，通过螺杆与圆柱螺母完成紧固连接。座面用木螺钉连接到前后望板上。

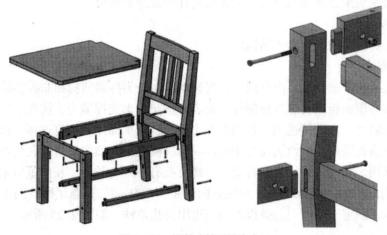

图 2-24 拆装式椅子结构之二

许多板式部件的连接件都同样适用于椅子拆装结构。但椅子一般承重受力都较大，应该选用接合强度较高的连接件。两个零件用连接件接合，还需设置至少一个圆榫定位，以防止零件绕连接件转动。圆榫定位与椭圆形榫定位相比，有结构简单、加工方便的优点，但存在接合强度略低，对小断面零件无法实现拆装式结构。用椭圆形榫定位能使小断面零件实现拆装式结构，如图 2-24 的椅子拉档与靠背部件、门字形部件的连接。因此，在设计实践中，可以根据实际情况，择优选择定位方式。在椅子拆装式结构中，大多数情况采用圆榫定位、连接件紧固的方式。

实践表明，增加接合部位的零件断面尺寸、接合面的接触面积、合理安排榫头或连接件的位置等，对提高椅子的整体力学性能都十分有效。

【任务实施】
（1）按要求对指定椅子从材料性能、力学强度、生产工艺性、装饰性等方面进行结构分析。
（2）运用所学知识进行拆装和非拆装结构形式椅子结构设计。
（3）按制图标准完成设计图、拆装图、零部件图的绘制。

【课后练习】
1. 简述非拆装式椅子典型结构特点及结构设计方法。
2. 简述拆装式椅子典型结构特点及结构设计方法。
3. 运用所学进行实木椅类家具拆装和非拆装两种结构形式的结构设计，完成家具设计图、拆装图、零部件图的绘制。

任务二　实木桌类家具结构设计

【学习目标】
》知识目标
1. 熟悉实木桌类家具的结构形式。
2. 理解实木桌类家具拆装和非拆装两种结构形式的结构特点。
》能力目标
1. 掌握实木桌类家具拆装和非拆装形式结构设计方法。
2. 具有传统实木家具及现代实木家具结构设计的专业能力。

【工作任务】
拆装和非拆装结构形式桌子结构设计。

【知识准备】
实木框架式桌类家具主要由桌面板、支架组成，分为拆装结构和非拆装结构两种。

桌面用实心覆面板或实木拼板制作。前者变形小，但支撑能力，抗碰、抗水、抗化学药品性能不如后者，应酌情选用。覆面板和小尺寸拼板桌面用暗螺钉连接。拼板连接螺孔要略大，以备拼板胀缩。横纹边超过1000mm的拼板桌面，固定时需长孔角铁或燕尾木条和长孔角铁联用。长孔角铁用木螺钉固定，螺钉孔有一个为长孔，长向垂直木纹。长孔角铁在横纹方向间距为150~200mm，顺纹方向间距为300mm。开燕尾榫簧的木条横跨拼板木纹方向穿入，固定于望板上，拼板的另一边用长孔角铁。如图2-25所示。

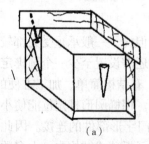 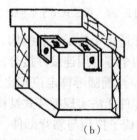 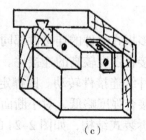

(a)　　　　　　　　(b)　　　　　　　　(c)

图2-25　桌面椅面的固定方式

(a) 暗螺钉；(b) 长孔角铁；(c) 燕尾木条-长孔角铁

一、非拆装式桌子的典型结构

实木桌类家具结构设计时，也与实木椅子相同，要考虑五个方面的问题。在此，通过对一张简单桌子的结构解剖，分析桌子的结构设计。

图 2-26 是非拆装式桌子的一个实例。桌子由桌面板与桌框架两部分组成，桌框架由腿与望板组成。桌面板用木螺钉固定在望板上，腿与望板间采用直角榫接合，榫头在长度方向上相互交叉，提高接合强度。图 2-27 是非拆装式桌子结构的另一个实例，与图 2-26 不同的是腿与望板间采用椭圆形榫接合，接合部位用三角块补强。

图 2-26　非拆装式桌子结构之一　　　　图 2-27　非拆装式桌子结构之二

二、拆装式桌子的典型结构

图 2-28 是拆装式桌子结构的一个实例。桌子拆分为以下部件或零件：桌面板、由腿与望板组成的门字形部件、两望板零件。门字形部件中的腿与望板间采用榫接合，两望板零件与门字形部件间采用圆榫定位螺钉紧固的可拆装接合，桌面板用木螺钉固定到望板上。

图 2-28　拆装式桌子结构之一

图 2-29 是拆装式桌子结构的另一个实例。桌子拆分为以下几个部件或零件：由桌面板、望板与三角块组成的组合部件、四条相同的腿。组合部件中望板与三角块间、桌面板与望板间用木螺钉连接。腿通过两个螺钉和预埋螺母连接到组合部件的三角块上，实现了桌子的可拆装结构。

图 2-29　拆装式桌子结构之二

【任务实施】

（1）按要求对指定桌子从材料性能、力学强度、生产工艺性、装饰性等方面进行结构分析。

（2）运用所学知识进行拆装和非拆装结构形式桌子结构设计。

（3）按制图标准完成设计图、拆装图、零部件图的绘制。

【课后练习】

1. 简述非拆装式桌子典型结构特点及结构设计方法。

2. 简述拆装式桌子典型结构特点及结构设计方法。

3. 运用所学进行实木桌类家具拆装和非拆装两种结构形式的结构设计，完成家具设计图、拆装图、零部件图的绘制。

家具连接件

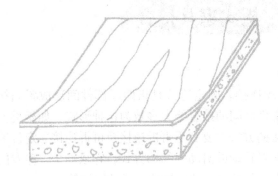

模块三
板式家具结构设计

项目一 板式家具接合
项目二 板式柜类家具的局部典型结构
项目三 板式柜类家具结构设计

项目一 板式家具接合

板式家具的结合方式有固定连接和活动连接。固定连接是指两零部件间形成紧固接合，接合后两部件间没有相对运动。家具部件之间的接合绝大多数为这种形式，如柜类及桌类的旁板与顶板、底板接合等。固定连接的方法主要有不可拆连接及可拆连接、定位等几大类。活动连接是指两连接部件之间有相对转动或滑动的结构方式，它依赖于一些专门的活动连接件实现接合。活动连接件主要有各种铰链、抽屉导轨、滑动门轨等。

任务一 理解板式家具固定连接结构

【学习目标】
>> 知识目标
1. 掌握固定连接的概念。
2. 掌握固定连接的类型。
3. 掌握常用固定连接件的特性。
>> 能力目标
1. 能够正确识别固定连接的方式，合理选择连接方式。
2. 能够正确识别几种常见的固定连接件，合理选用固定连接件。

【工作任务】
固定连接件的识别与记录。

【知识准备】

一、不可拆连接结构

这类连接主要靠钉及木螺钉钉入零件之中连接，所以一般装配好后不可拆卸。其种类主要有圆钉、木螺钉、气钉、角码等，见表 3-1。

表 3-1 不可拆连接件

名称	连接件图片	特点及应用
圆钉	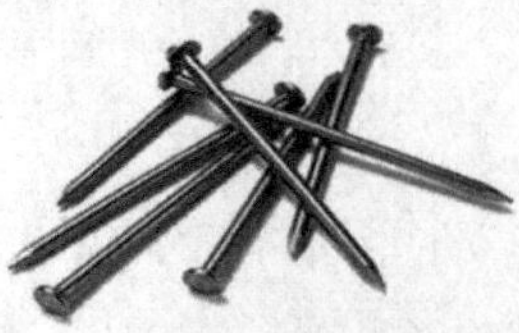 	用于低档木制品的紧固连接； 不可拆装； 钉头外露，连接强度较低

(续)

名称	连接件图片	特点及应用
木螺钉		用于配件安装； 可有限次地拆装，连接强度高于圆钉
气钉		用于木制品内部连接； 需用气泵、钉枪等设备钉入； 连接强度一般
角码		用于重载木制品的连接； 与木螺钉配合使用

1. 圆钉

圆钉主要用于定位和紧固，常用锤子等钉入木质零件，其规格按长度分为多种，根据零件厚度选择。使用时，圆钉数目不宜过多，为保证钉接合强度，一般圆钉长度应大于钉紧件厚度的 2 倍，钉中心位置距工件边缘大于 10 倍钉径。互相靠近的两个圆钉，应斜向错开钉入。

2. 木螺钉

木螺钉主要用于连接件安装及稍大部件间的接合。由于其外围有螺纹，旋入木质材料后其钉着力大大高于圆钉。由于木材本身的纤维结构，用木螺钉接合时，不能多次拆装，否则会破坏木材组织，影响制品强度。一般木螺钉拧入工件部分的长度为 10~25mm，钉尖不能透工件，应留有大于螺钉直径的边皮。木螺钉安装时应先在工件上打出引孔。

木螺钉型式常见的有铁制及铜制，种类随钉头不同分有圆头型、平头型、椭圆头型，钉头上又分为一字槽螺钉和十字槽螺钉。

3. 气钉

气钉用于紧固连接，有直钉、马钉等多种形式，需采用气泵及专门气钉枪钉入木质零件，使用快速、方便，但其单颗钉着力较小，需多点钉接。

4. 角码

角码是直角相交构件的五金件，与木螺钉配合用于板件的紧固连接，其材料有金属和塑料两种。

二、可拆装连接结构

目前用于拆装连接结构的连接件种类很多，广泛用于两木质零部件之间的垂直连接，可多次拆装，不影响家具的接合强度，并可以简化家具的结构和生产工艺，方便家具的包装、运输、储存。常见的有偏心式、直角式等类型。

1. 偏心式连接件接合

偏心连接件的种类有一字形偏心连接件、直角形偏心连接件，其中一字形偏心连接件又可分为三合一偏心连接件、二合一偏心连接件、快装式偏心连接件，最常用的是三合一偏心连接件（图3-1）。

图3-1　三合一偏心连接件

三合一偏心连接件由偏心体、吊紧螺钉及倒刺螺母组成。由于这种偏心连接件的吊紧螺钉不直接与板件接合，而是连接到预埋在板件中的螺母上，所以吊紧螺钉抗拔力主要取决于预埋螺母与板件的接合强度，拆装次数不受限制。偏心体的直径有25mm、15mm、12mm和10mm四种，常用的是15mm。吊紧螺钉直径有6mm、7mm两种，长度有多种规格，应根据需要合理选择，其有效长度决定了偏心件中心至板边距离。倒刺螺母通常为一倒刺式塑料螺母，规格为 $\phi 10mm \times 13mm$。

一般 $\phi 25mm$、$\phi 15mm$ 偏心件用于旁板与顶、底板连接，$\phi 10mm$ 偏心件用于抽屉旁板与抽屉面、背板之间的连接。连接时，先在一块板件上钻出小圆孔预埋倒刺螺母，将吊紧螺钉旋入螺母中，然后在另一板件表面钻出大圆孔，装入偏心体，使其与吊紧螺钉拉紧即可（图3-2）。如需要拆卸，只需将偏心体逆时针旋转就可以拆开。

二合一偏心连接件有两种，一种是由偏心体、吊紧螺钉组成的隐蔽式二合一偏心连

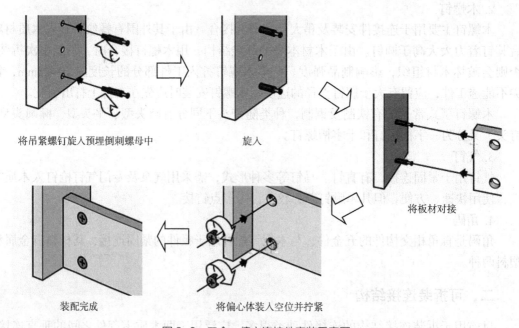

将吊紧螺钉旋入预埋倒刺螺母中　　　旋入　　　将板材对接

装配完成　　　将偏心体装入空位并拧紧

图3-2　三合一偏心连接件安装示意图

接件（图 3-3），另一种是由偏心体、吊紧杆组成的显露式二合一偏心连接件（图 3-4）。二合一偏心连接件的安装如图 3-5 所示。显露式二合一偏心连接件的接合强度高，但吊紧杆的帽头外露，影响美观。隐蔽式二合一偏心连接件的吊紧螺钉直接与板件结合，吊紧螺钉抗拔力与板件本身的物理力学特性直接相关。根据有关研究，这种接合的吊紧螺钉抗拔力略大于三合一偏心连接件吊紧螺钉的抗拔力，但拆装次数受限制，一般拆装次数在 8 次以内时，对吊紧螺钉抗拔力影响不大。隐蔽式二合一偏心连接件与其他形式偏心体连接件相比有一个显著的优势是，其利用与系统孔相同的 ϕ5mm 孔径，解决了标准化设计、通用化设计和模块化设计中因系统孔与结构孔的孔径不一致而造成的设计瓶颈问题。

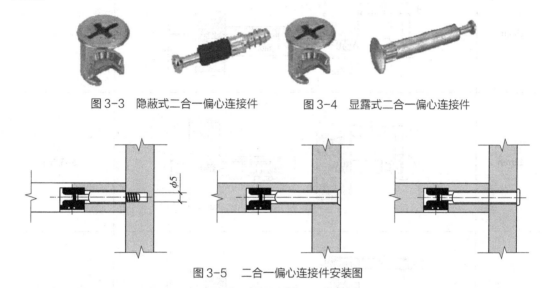

图 3-3　隐蔽式二合一偏心连接件　　图 3-4　显露式二合一偏心连接件

图 3-5　二合一偏心连接件安装图

快装式偏心连接件由偏心体、膨胀式吊紧螺钉组成（图 3-6），安装形式如图 3-7 所示。快装式偏心连接件是借助偏心体锁紧时拉动吊紧螺钉，吊紧螺钉上的圆锥体扩粗倒刺膨管直径，从而实现吊紧螺钉与旁板紧密接合。安装吊紧螺钉用孔的直径精度、偏心体偏心量大小直接影响接合强度。

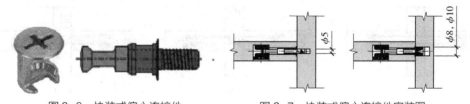

图 3-6　快装式偏心连接件　　图 3-7　快装式偏心连接件安装图

安装吊紧螺钉孔的直径精度，偏心体偏心的大小直接影响结合强度，因此偏心连接件接合对板件孔加工精度要求较高，见表 3-2。

有些场合在同一接合点上要交叉连接三块板式部件，此时可采用以下两种方式来实现：第一种方式是用两个偏心体和一根双端吊紧杆完成接合［图 3-8（a）］；第二种方式是用两组二合一偏心连接件［图 3-8（b）］或两组三合一偏心连接件［图 3-8（c）］完成接合。采用第一种方式连接时，偏心体安装孔的位置受中间板件厚度的影响，即当选用长度一定的双端吊紧杆时，偏心体安装孔离板边缘的距离会因选择的中间板件厚度不同而变

表 3-2　偏心接合设计计算

偏心件直径	装配结构示意图	计算
25mm	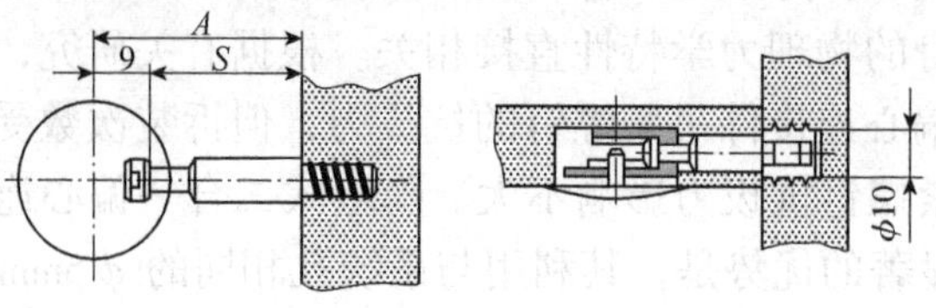	$A=S+9$mm
15mm	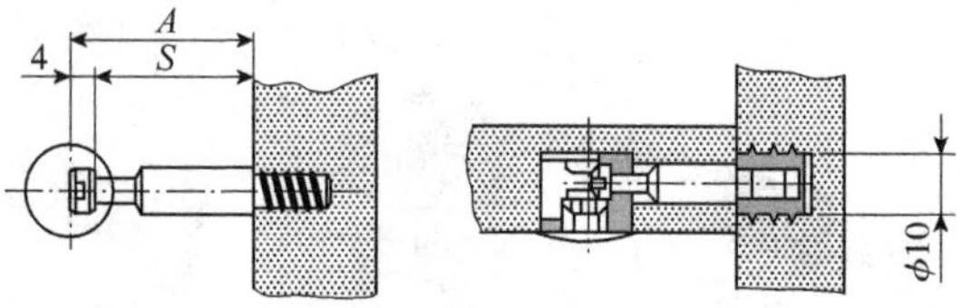	$A=S+4$mm
12mm	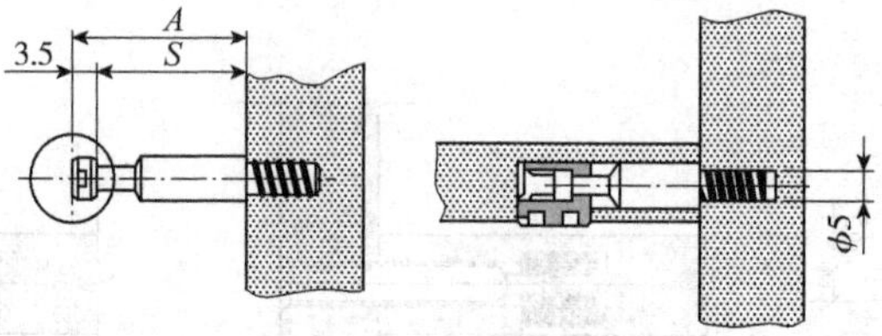	$A=S+3.5$mm
10mm	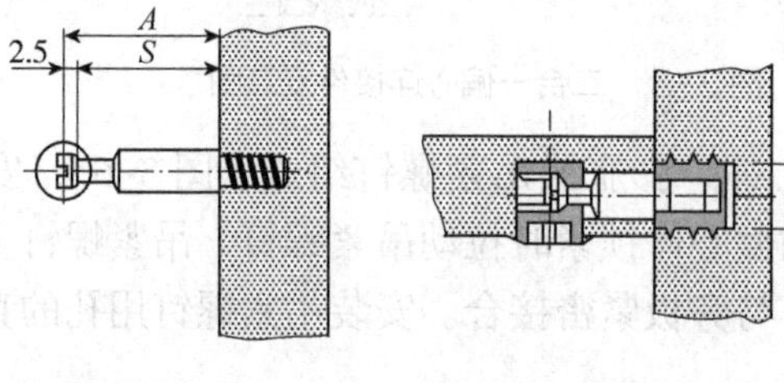	$A=S+2.5$mm

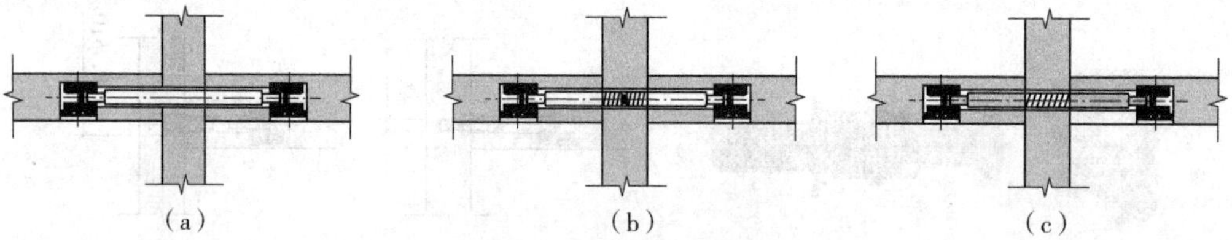

图 3-8　一字形偏心连接件安装图

化，不利于标准化、通用化和模块化设计。此外，中间板件厚度公差，也会影响连接件接合强度。而第二种方式则没有上述问题。

2. 直角式连接件接合

直角式连接件由直角件、螺杆及倒刺螺母三部分组成，有两种规格。接合时，先将倒刺螺母、直角件预埋在两板件上，然后将螺杆通过直角件旋入倒刺螺母即可（图3-9）。这种连接件成本低，且板件都为表面钻孔，不需端面钻孔，因此打孔难度低，易于加工。一般安装于柜体内部，用于柜类板件连接，不影响外观，操作方便，价格低廉。

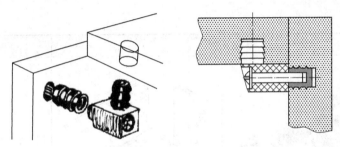

图 3-9　直角式连接件接合

3. 锤子连接件

锤子连接件由长螺栓及圆柱螺母两部分组成，装配后如一把锤子嵌在家具中，故称为锤子连接件，如图 3-10 所示。使用时，先在一板件上钻出螺栓通孔，另一板件表面及端面相应位置钻孔，安装圆柱螺母，长螺栓穿过两工件旋入圆柱螺母内形成接合。这种接合方式使用方便灵活，承载能力、接合强度、接合稳定性均高于偏心件和直角件，常用于各种重载柜体，如书柜、文件柜、电脑桌、仪器台等板件的直角连接。但是螺栓头外露，影响美观。

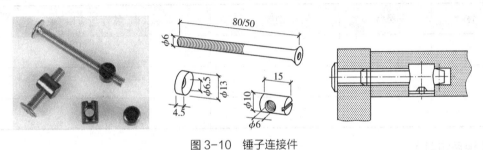

图 3-10　锤子连接件

4. 其他拆装连接件

在板式家具结构中，还用到许多其他拆装件来实现工件间的接合，如搁板与旁板的连接、背板连接等，见表 3-3。

表 3-3　其他拆装连接件接合

名称	图例		特点与应用
四合一重载连接件			用于书柜、文件柜等重载场合
层板支撑件	层板托	层板夹	层板托用于水平中搁板的支承，搁板可任意取放；层板夹用于水平中搁板的支撑与固定

（续）

名称	图例	特点与应用
背板连接件	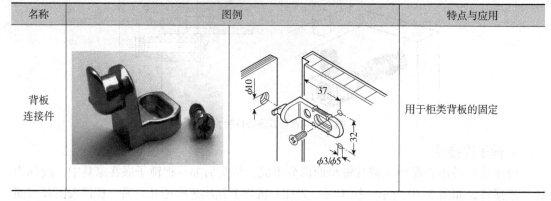	用于柜类背板的固定

【任务实施】
（1）搜集10种常用固定连接件，将其分类。
（2）在表3-4中绘制固定连接件的图例，并归纳其特性。

表3-4 固定连接件记录表

名称	类型	图例	特性与应用

【课后练习】
1. 简述固定连接的概念。
2. 简述书柜、衣柜等重载场合可以选择的连接件种类。
3. 简述三合一偏心连接件的安装过程。
4. 简述三合一偏心连接件和二合一偏心连接件的异同。

任务二　理解板式家具的活动连接结构

【学习目标】
>>知识目标
1. 掌握活动连接的概念。
2. 掌握常用活动连接件的类型。
3. 掌握常用活动连接件的特性。
>>能力目标
1. 能够正确识别活动连接的方式，合理选择连接方式。
2. 能够正确识别几种常见的活动连接件，合理选用活动连接件。

【工作任务】
记录活动连接件。

【知识准备】

一、铰链

1. 合页

合页分为普通合页和抽芯型合页两种，如图 3-11 所示。普通合页用于内装修中的木质门窗及普通家具，铰链外露，无自闭功能，但使用方便，价格低廉。抽芯型合页主要用于要求拆装方便的门窗，如纱门、纱窗等，只要抽出合页的抽芯，就可以将门、窗取下。

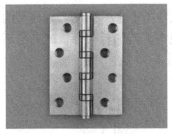
普通合页

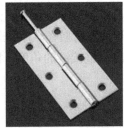
抽芯型合页

图 3-11　合页

2. 杯状暗铰链

杯状暗铰链由铰杯、铰连杆、铰臂及底座组成。铰杯、铰连杆及铰臂预装成一体，即杯状暗铰链的成品由铰链本体和底座两大部分组成。

直角型暗铰链是木质材料门最常用的一种暗铰链，如图 3-12 所示，有直臂铰链、小曲臂铰链和大曲臂铰链三种。直臂铰链应用于门板覆盖旁板大部分边缘的场合，所以也称为全盖型暗铰链。小曲臂铰链应用于门板覆盖旁板一半或小部分边缘的场合，所以也称为半盖型暗铰链。大曲臂铰链应用于门板嵌入柜体内的场合，所以也称为嵌入型暗铰链。

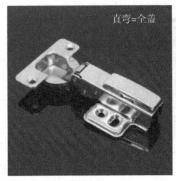
（a）直臂铰链

（b）小曲臂铰链

（c）大曲臂铰链

图 3-12　杯状暗铰链

当门板和旁板的夹角为异角度（非直角）时，要选用异角度杯状暗铰链，图 3-13 是钝角型杯状暗铰链，应用于门板与旁板的夹角超过 90° 的场合，典型的规格有 20°、30°、45° 等。

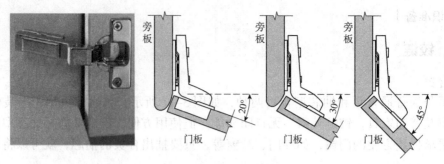

图 3-13　钝角型杯状暗铰链

图 3-14 是锐角型杯状暗铰链,应用于门板与旁板的夹角小于 90°的场合,典型的规格有 -30°和 -45°等。在应用钝角型和锐角型杯状暗铰链时,若门板与旁板的夹角不在标准规格系列内,则可用三角底座垫来调整铰链的角度(图 3-15)。

 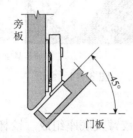 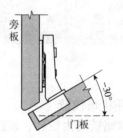

图 3-14　锐角型杯状暗铰链　　　　　　　图 3-15　调整铰链角度

图 3-16 是平行型杯状暗铰链,应用于旁板前有与门板平行的挡板的场合。

 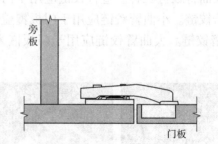

图 3-16　平行型杯状暗铰链

二、抽屉导轨

抽屉导轨根据其滑动方式不同,可以分为滑轮式和滚珠式;根据安装位置的不同,可分为托底式、中嵌式、底部两侧安装式、底部中间安装式等;根据抽屉拉出距离柜体的多少可分为单节道轨、双节道轨、三节道轨等。三节道轨多用于高档或抽屉需要完全拉出的产品中。产品有多种规格,一般用英制,可根据抽屉侧板的长度自由选择(图 3-17)。托底式抽屉导轨(图 3-18)装于抽屉旁板底部,滑道装于柜体旁板相应位置,抽屉可以完全打开,并可随意卸下。为方便抽屉安装及拆卸,抽屉旁板顶面与上面的柜盖板垂直距离应不少于 16mm。

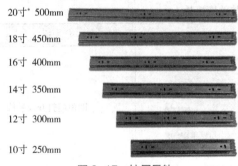

图 3-17 抽屉导轨

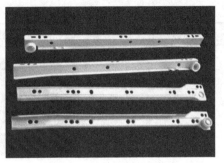

图 3-18 托底式抽屉导轨

三、滑动门轨

家具的门，除采用转动开启方式外，还可以采用平移、转动平移、折叠平移等多种开启方式。采用平移或兼有平移功能的开启方式，可以节省转动开门时所必需的空间，所以滑动门轨在越来越多的产品中被广泛应用。用于移门的左右滑动运动，一般有槽式和滚轮式等。槽式门轨一般用于小型玻璃移门、木质轻便移门等（图 3-19）。对于像衣柜、书柜的大型移门，因门页重，如用槽式门轨则移滑比较困难，一般需用滚轮式移门配件（图 3-20）。滚轮式移门配件主要由滑轮、滑轨和限位装置组成，在门板上下钻孔装滚轮，并用螺钉固定在门板上。在柜体的顶板底面与底板面分别开槽，安装导轨及限位装置。

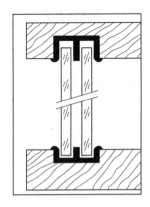

图 3-19 槽式门轨

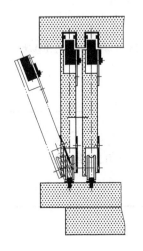

图 3-20 滚轮式门轨

四、其他连接件

在板式家具结构中，还要使用一些其他的连接件，这些连接件主要用于家具部件的位置保持与固定、锁紧与闭合等，见表 3-5。

---

* 注：1 寸 ≈ 3.33cm。

表 3-5　其他连接件

名称	图例	用途
拉手	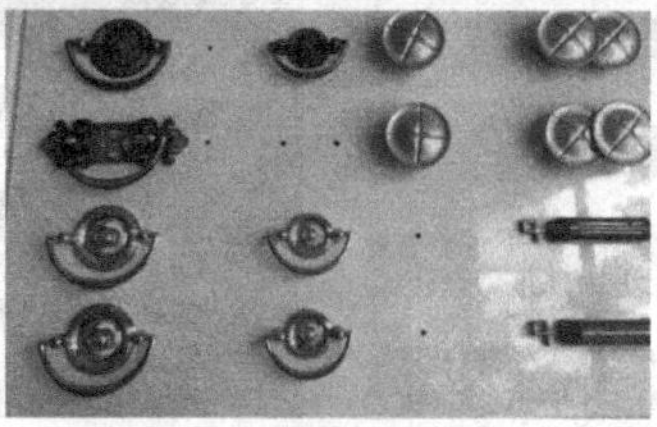	帮助柜门打开及装饰
挂衣杆承托		支撑挂衣杆
抽屉锁		用于抽屉安装
脚轮	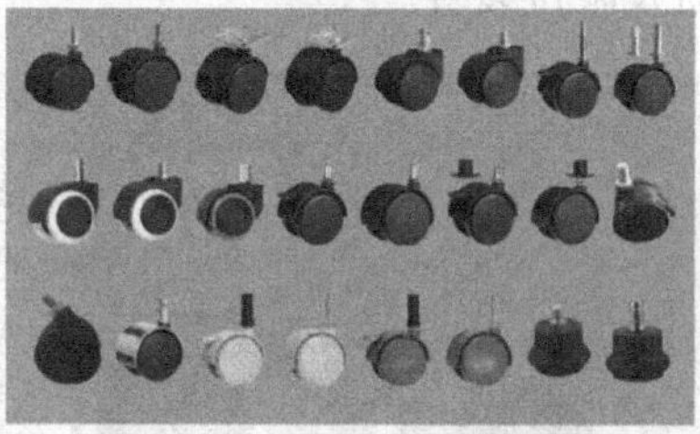	用于柜、桌底部，方便移动
线盒	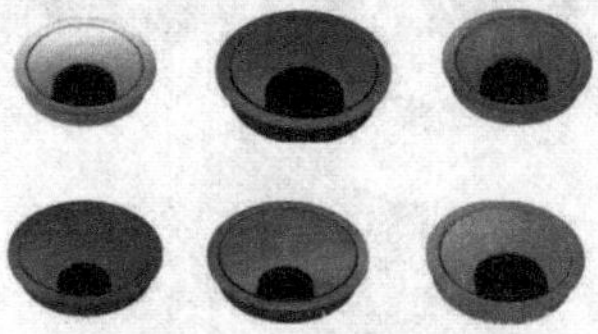	用于走各种线

【任务实施】

（1）选择某一品牌，观察该品牌的活动连接件 10 种，将其分类。

（2）在表 3-6 中绘制活动连接件的图例，并归纳其特性。

表 3-6　活动连接件记录表

名称	类型	图例	特性与应用

【课后练习】
1. 简述活动连接的概念。
2. 简述三种常用杯状暗铰链的形态特征及使用场合。
3. 简述在特殊角度情况下,杯状暗铰链的选用。

项目二 板式柜类家具的局部典型结构

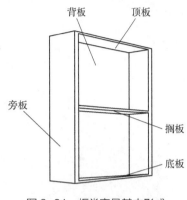

图 3-21 柜类家具基本形式

柜类是最常见的家具品种。柜类家具体积大，结构较复杂，部件加工出来后需通过各种连接方式连接成一个整体。不同的零部件采用的连接方式也不尽相同，有的需紧固连接，有的需活动连接，所以必须根据其使用要求选择合适的连接装置和连接结构。

柜类家具范围很广，如家具中的书柜、衣柜、电视柜、橱柜等。柜类家具的基本形式如图 3-21 所示，由多个板件接合而成。柜体的装配结构则是指柜类家具的旁板、顶板（面板）、底板之间接合成箱框的各类组合方式。

任务一 旁板与顶（面）板、底板、搁板的接合

【学习目标】

>>知识目标

1. 掌握旁板与顶板的靠接方式。
2. 掌握旁板与背板的接合方式。
3. 掌握搁板的接合方式。
4. 掌握常见接合方式的类型及特性。

>>能力目标

1. 能够根据柜体特征及板材特性合理选择旁板与顶、底板的接合方式。
2. 能够根据柜体特征及板材特性合理选择旁板与搁板的接合方式。
3. 能够根据柜体特征及板材特性合理选择旁板与背板的接合方式。

【工作任务】

柜体各板件间接合方式统计和记录。

【知识准备】

柜类上部连接两旁板的板件称为顶板或面板。当柜高高于视平线（约为 1500mm）时称为顶板；小衣柜、床头柜等家具的上部板件全部显现在视平线以下的称为面板。柜体的结构有多种形式，如图 3-22 所示。有的将顶板、底板安放于两旁板之间；有的将两旁板放于顶板、底板之间；有的采用 45° 斜角接合；有的柜体则采用旁板直接落地等。通过该任务的实施，使学生能熟悉常见的柜体结构方式，掌握其特点，具有合理选择旁板与顶

（面）板及搁板接合方式的专业技能。

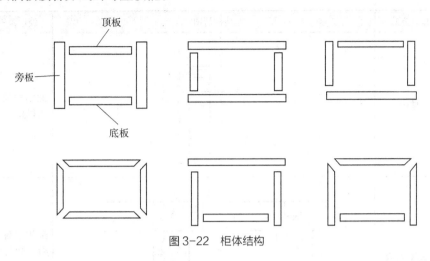

图 3-22 柜体结构

一、旁板与顶（面）板、底板的接合

柜体的旁板和顶（面）板、底板可采用框架部件结构或板式部件结构。根据不同用途，还可以用实木拼板和人造板。用各类人造板可以节省木材且尺寸稳定，但外露板边需进行边部处理。用拼板做旁板时，一般做成木框嵌板结构，以允许其胀缩而保持制品整体尺寸与形状稳定。如顶板兼做工作表面时，常配以装饰贴面，以提高耐磨、耐热和耐腐蚀性能。

柜类的顶板、旁板及底板是形成柜箱体的主要板件，考虑到门板安装及箱框结构要求，厚度应≥15mm，它们之间的接合为固定接合，其接合方式有榫接合、钉接合、连接件接合等多种形式。对于电视柜、床头柜、橱柜之类低柜的面板，为保证其表面的美观，一般都采用面板盖住旁板的结构形式，连接件也不应暴露在面板表面。大衣柜、书柜、文件柜等高柜，则要求连接稳定，连接强度高。

旁板与顶板、旁板之间的接合，可根据容积大小、用户需要和结构形式采用固定接合和拆装接合。三维尺寸中有一项超过1500mm的柜体宜采用拆装结构，以利于加工、贮存、运输和用户搬运。拆装结构主要采用连接件接合。每个接合边用连接件2个，以保证足够的强度。一般的偏心式连接件、空心螺柱式连接件和直角式倒刺螺母连接件都适用。但偏心连接件定位性能差，需采用1~2个圆榫定位。各向尺寸都不足1500mm的较小柜体，可用拆装结构，也可用非拆装结构，非拆装结构有接合牢固、产品不易走形的优点。目前常见的旁板与顶板的接合方式见表3-7。

表 3-7 常见的旁板与顶板接合方式

类型	接合方式	结构简图		使用范围及要求
非拆装结构	榫接合			用于以实木为主要材料制作的框架式柜体

（续）

类型	接合方式	结构简图	使用范围及要求
非拆装结构	圆榫接合	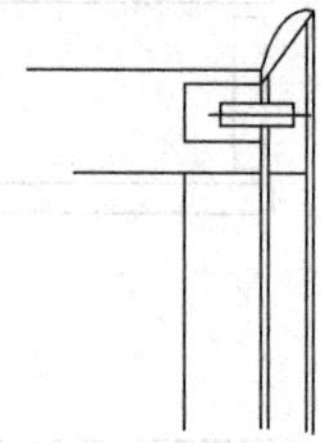	此结构加工精度要求很高
非拆装结构	木螺钉接合	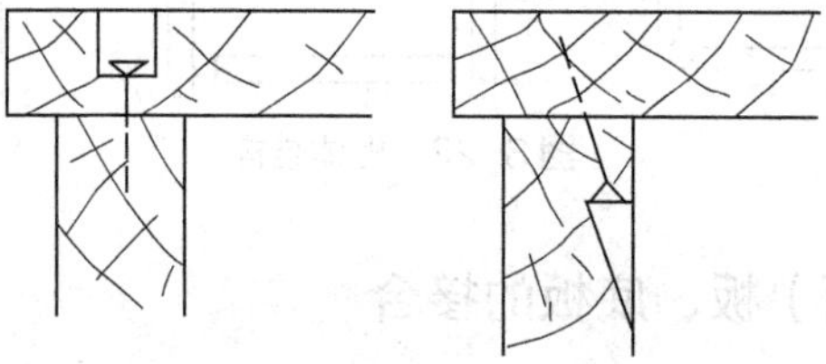 明螺钉　暗螺钉	适用于各类板件接合，如材料为刨花板或中密度纤维板，应采用专用螺钉
非拆装结构	角铁接合	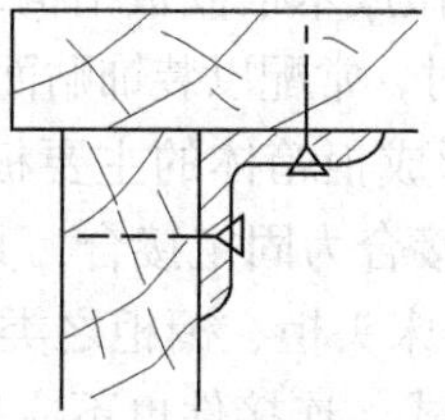	适用于各类板件接合，常用于装修现场制作
非拆装结构	木条结合	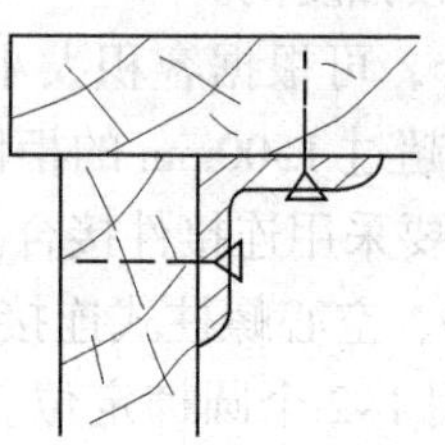	适用于框类家具顶、底、面板与旁板的连接。如需要拆装，可用螺钉与螺母紧固连接
拆装结构	偏心件接合	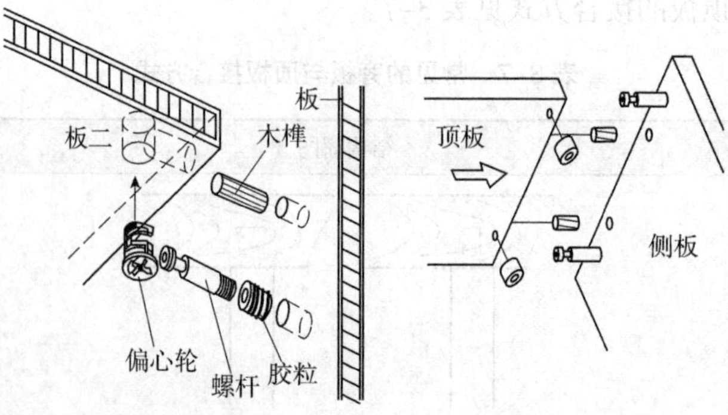 板二　木榫　顶板　侧板　偏心轮　螺杆　胶粒	适用于各类板件接合的普通柜体，是目前最为常见的接合方式。孔位需精确计算，加工精度要求高

（续）

类型	接合方式	结构简图	使用范围及要求
拆装结构	直角件接合		适用于各类板件接合的普通柜体。加工精度低于偏心件

二、旁板与搁板的接合

搁板为水平设置于柜体内的板件，用作水平分隔柜内空间和放置物品用，其厚度根据物品重量选择，一般为 16~25mm。搁板安装在旁板之间，安装方式有固定式和可调节式两类。

固定式是指中搁板安装后一般不可调整，常用的连接方式有直角多榫、槽榫、圆榫和连接件。其中，直角多榫和槽榫接合适用于拼版型搁板，圆榫和连接件适合于人造板部件型搁板。偏心式连接件在搁板连接中有易隐蔽又牢靠的优点，使用时每块搁板用连接件 4 个，并配有 4 个圆榫定位。

活动搁板在使用时可随时拆装和随时变更高度，使用比较方便。一般用金属或塑料等为活动搁档，搁板可选用实心覆面板或有防翘曲结构的拼板，陈列轻型物品的搁板也可用玻璃等不易变形的材料。常见的搁板安装形式如图 3-23 所示。

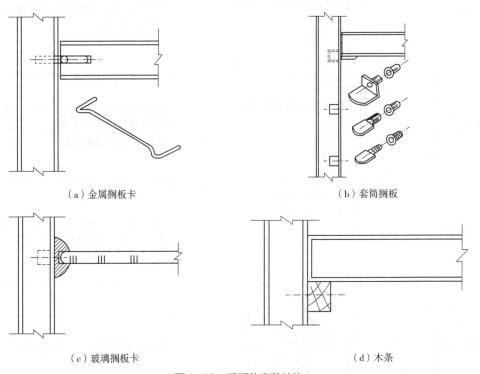

(a) 金属搁板卡　　(b) 套筒搁板

(c) 玻璃搁板卡　　(d) 木条

图 3-23　搁板的安装结构

三、背板的装配结构

柜类家具的背板有两个作用，一是用于封闭柜体后面，二是增强柜体刚度，使柜体更加稳固不变形。因此背板也是一个重要的结构部件，特别是对于拆装式柜类，背板的作用更不可忽视。柜类背板目前常用的材料为薄型人造板，如 3mm 或 5mm 中密度纤维板以及 3mm 厚胶合板等。对于吊挂柜类，为了保证吊挂需要，许多厂家采用厚型人造板做背板。背板可以是嵌板结构也可以直接用胶合板或纤维板嵌在旁板及顶板、底板的槽中，背板侧面不可外露，需隐蔽安装。

实际生产中，对于不常拆的柜类，背板一般是用圆钉或木螺钉直接钉接在柜体，如需经常拆装，则可在顶板、旁板及底板上开出相应槽口，将背板插入其中，用少量木螺钉加固。目前常见的背板接合方式见表 3-8。

表 3-8 常见的旁板与背板板接合方式

接合方式	结构简图	使用范围及要求
裁口压条	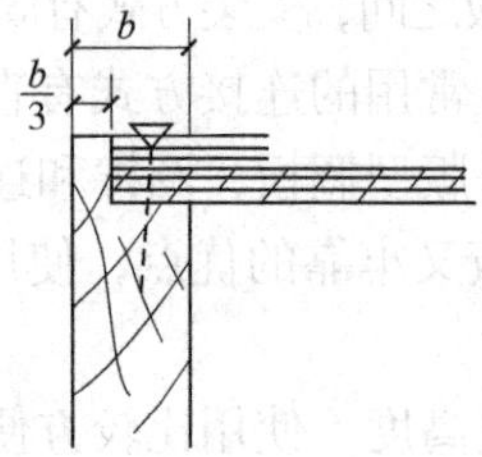	此结构在背板上横竖贴上胶合板复条，以增加背板的刚度，用螺钉固定。适用于薄背板，是板式家具常用的背板结构
双裁口	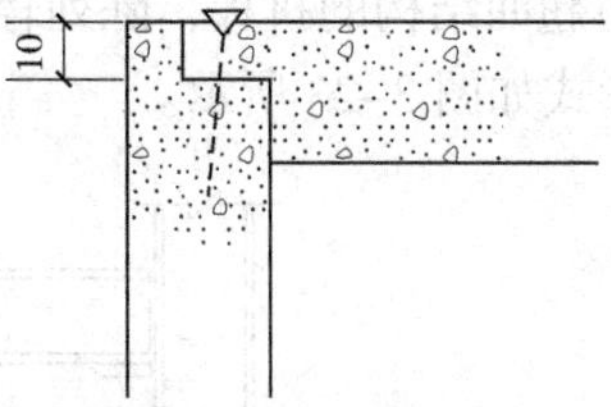	适用于厚背板，背板搭接处应薄至 10mm 左右，以便加钉
嵌装法	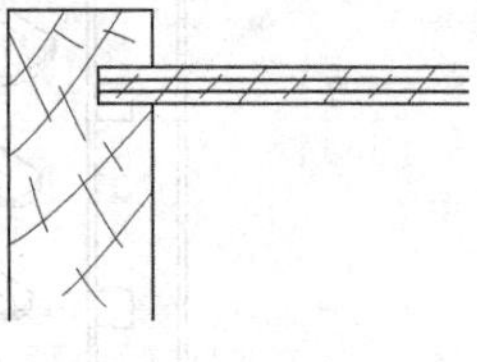	嵌装法的背板虽很稳固，但需要与柜体组装时同时装入，略有不便，但无需加钉，背板前后都较整齐美观
预制木框法	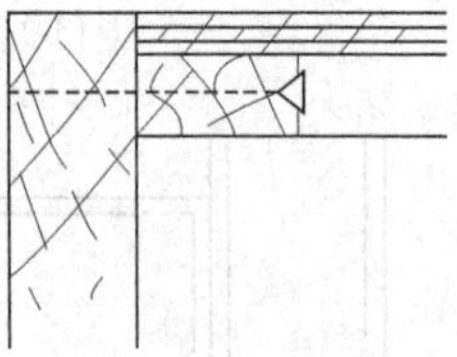	能构成平整的背面，适用于跨度较大的柜体，利用木框中部加档支持薄背板
连接件接合	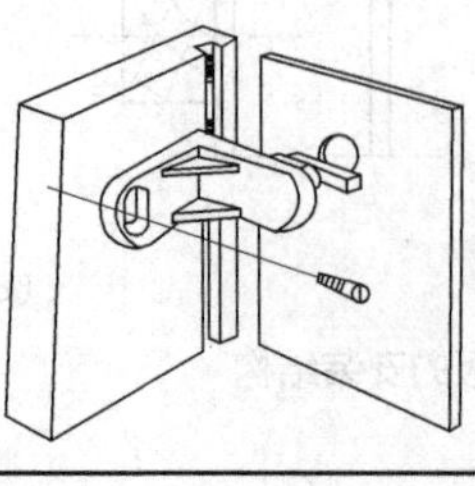	适用于装配板式家具，装配方便

板间靠接的搭盖关系随造型要求而定。可以顶板搭盖旁板，也可以相反；搭头可平齐、凸出或缩入。底板与旁板间的搭盖关系也是如此，如图 3-24 所示。

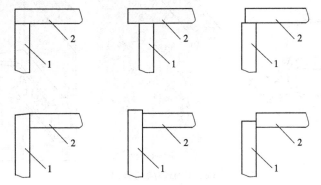

图 3-24　旁板与顶板的靠接方式

1. 旁板；2. 顶板

现代家具常用背板连接件固定背板，具有方便、快捷和灵活的特点，常见的背板连接件如图 3-25 所示。

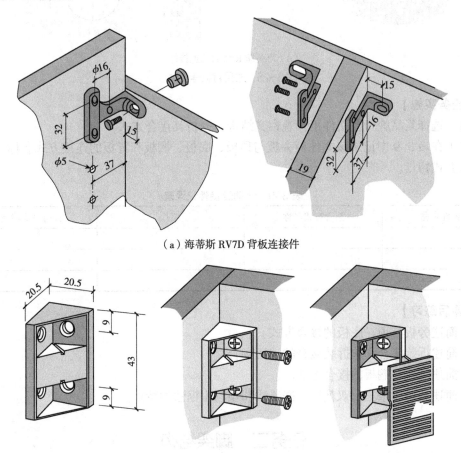

（a）海蒂斯 RV7D 背板连接件

（b）塑料角码连接件

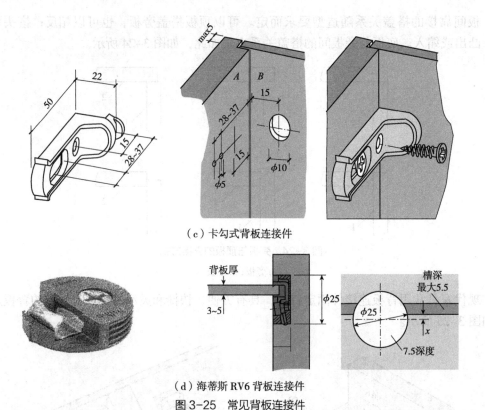

（c）卡勾式背板连接件

（d）海蒂斯 RV6 背板连接件

图 3-25 常见背板连接件

【任务实施】

（1）选择某品牌一组文件柜，观察其结构，分析其接合方式。

（2）在表 3-9 中记录该文件柜旁板与顶板、底板、搁板和背板的连接方式名称、照片及接合方式特点。

表 3-9 活动连接件记录表

板件名称	接合方式名称	照片	接合方式特点

【课后练习】

1. 简述旁板与顶、底板的接合方式。
2. 简述拆装接合和非拆装接合的选用场合。
3. 简述旁板与搁板的接合方式。
4. 简述裁口压条法、双裁口、嵌装法和预制木框法的特点。

任务二　脚架结构

【学习目标】

>> 知识目标

1. 掌握几种常见脚架形式的外形特征。

2. 掌握几种常见脚架形式的接合方式。

》能力目标

能够根据柜体特征及板材特性合理选择脚架的形式。

【工作任务】

脚架形式统计和记录。

【知识准备】

一、框架式

框架式的底座大多是由脚与望板或横档接合而成的木框结构。脚与望板常采用闭口或半闭口直角暗榫接合，如图 3-26 所示。脚和望板的形状根据造型需要设计或选择。当移动家具时，很多的力作用于脚接合处，因此，榫接合应该细致加工、牢固可靠。

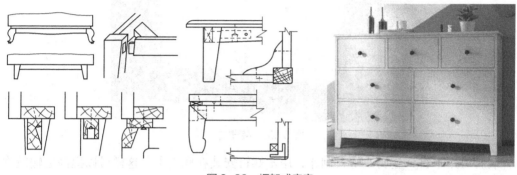

图 3-26 框架式底座

通常，底座与脚架经与柜体的底板相连后构成底盘，然后再通过底板与旁板连接构成有脚架的柜体。脚架与底板间通常采用木螺钉连接。木螺钉由望板处向上拧入，拧入方式因结构与望板尺寸而异。当望板宽度大于 50mm 时，由望板内侧开沉头斜孔，用木螺钉拧入和固定于底板 [图 3-27（a）]；当望板宽度小于 50mm 时，由望板下面向上开沉头直孔，用木螺钉拧入和固定于底板 [图 3-27（b）]；当脚架上方有线条时，先用木螺钉将线条固定于望板上，然后由线条向上拧木螺钉将脚架固定于底板 [图 3-27（c）]。

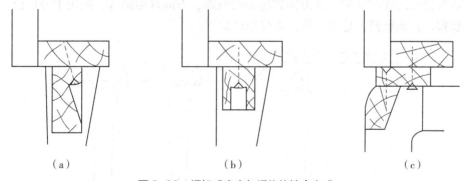

（a） （b） （c）

图 3-26 框架式底座与柜体的接合方式

二、装脚式

装脚式是指脚通过一定的接合方式单独直接与家具的主体接合的脚架结构，如图

3-28 所示。装脚是一个独立的亮脚,彼此间无需望板相连,而是直接安装在柜子的底板下或桌、几的面板下。装脚式的底座具有节约木材、易于清洗的特点,并可以根据需要,与室内陈设进行搭配。当装脚式底座较高时,通常将装脚做成锥形,这样可以使家具整体显得轻巧美观。当脚的高度在 70mm 以上时,为便于运输和保存,宜做成拆装式装脚。

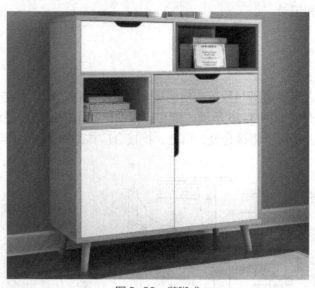

图 3-28 装脚式

装脚可用木材、金属或塑料制作,用木螺钉安装在底板上。这样可以提高运输效率,但移动柜体时用力不能过猛,以免遭受损坏。

装脚跟底、面板的接合方法如下。

①用榫接合较短的实木装脚,常用榫接合[图 3-29(a)],即在脚的上端开出榫头使之跟底面(面板)的榫眼接合,并用木螺钉加固。有的木脚也可通过螺钉与底板进行接合固定。

②用金属连接件接合。对于较长较大的亮脚,可用金属板、金属法兰套筒,借助倒刺螺母连接件进行接合,如图 3-29(b)所示。此种方法简单可靠,并便于拆装。

③各种类型的橡胶装脚。如万向转轮型橡胶脚、万向球型脚等,应用十分广泛。这种家具的装脚,移动轻便,稳定可靠,颇受用户欢迎。

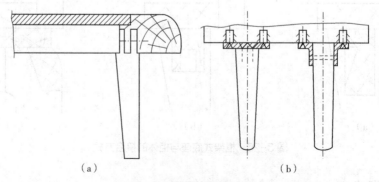

(a) (b)

图 3-29 装脚的接合方式

三、包脚式

其脚型属于箱框结构，又称箱框型脚，一般是由三块或三块以上的木板接合而成，通常由四块木板接合成方形箱框。包脚的底座能承受巨大的载荷，显得气派而稳定，应用较为广泛。通常用于存放衣物、书籍和其他较重物品的大型家具。但是包脚底座不便于通风透气和清扫卫生。为了柜体放置在不平的地面上时能保持稳定，在脚的底面中部切削出高20~30mm 的缺口。这样也有利于包脚下面的空气流通，如图 3-30 所示。

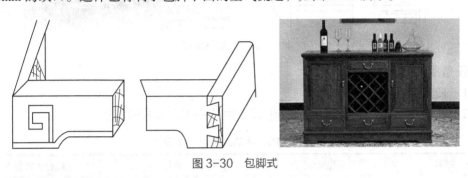

图 3-30　包脚式

四、塞脚式

旁板落地作为柜体支撑，塞脚加在旁板与底板的接合处，以加强承载能力，实现装饰造型。也分为斜角接合与直角接合两种。使用时，分别安装在柜子底板的四个角上，与柜子的底板连成一体。先将旁板与底板接合好，再一块加工成型的短木板件，以圆榫定位，用木螺钉接合，安装在旁板内侧与底板下面的前缘，便构成一塞脚，将塞脚装在底板与旁板下面的四角，如图 3-31 所示。

柜子前面的塞脚一般用全隐燕尾榫与塞角进行接合，也可用圆榫或穿条与塞角接合。柜子后面的塞脚一般用半隐燕尾榫与塞角接合，也可用圆榫与塞角接合。

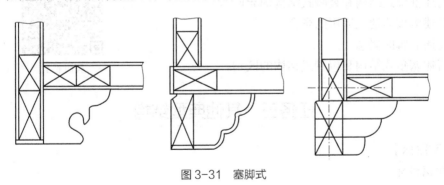

图 3-31　塞脚式

五、旁板落地式

以向下延伸的旁板代替柜脚，两"脚"间常加望板连接，或仅在靠"脚"处加塞角，以提高强度与美观性。望板、塞角都需略微凹进。旁板落地处需前后加垫，或中部上凹，以便稳放于地面，如图 3-32 所示。

图 3-32　旁板落地式

【任务实施】

（1）搜集 20 组柜类家具图片。

（2）在表 3-10 中记录它们的脚架形式、照片和接合方式的特点。

表 3-10　活动连接件记录表

序号	脚架形式	照片	接合方式特点

【课后练习】

1. 简述框架式结构和装脚式结构的异同。
2. 简述旁板落地式适用的场合。
3. 简述亮脚的概念。
4. 简述塞角式结构和包脚式结构的区别。

亮脚种类

任务三　其他典型结构

【学习目标】

▶▶知识目标

1. 掌握几种常见门页形式及其特征。
2. 掌握几种常见抽屉形式及其特征。

▶▶能力目标

1. 能够根据柜体特征合理选择门页形式。
2. 能够根据柜体特征合理选择抽屉形式。

【工作任务】

绘制文件柜结构图。

【知识准备】

一、门板结构及接合方式

1. 门板结构

（1）实木板结构

实木板由数块实木板拼接或榫槽接合而成。用天然木材纹理作装饰，接合结构简易，具有简朴的风味，是最原始的门板结构。由于门板容易翘曲开裂，常在门板背面加设穿带木条。现代家具使用较少。图3-33为实木门板结构。

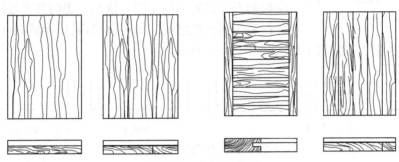

图3-33　实木门板结构

（2）嵌板结构

通常由木框嵌入薄拼板、小木条、覆面人造板或玻璃、镜子等构成。嵌板结构工艺性较强，造型和结构变化较大，立体感强，装饰性好，是中外古典和传统家具中常见的门板结构，但该类门板不便于涂饰。图3-34为嵌板结构。

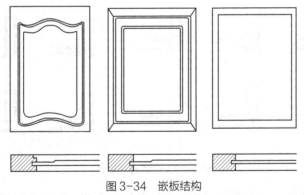

图3-34　嵌板结构

（3）实心结构

指通常采用细木工板、刨花板、中密度纤维板、厚胶合板等经覆贴面装饰所制成的实心板件。目前这类门板表面，也常辅以雕刻、镂铣或胶贴各种材料的花型来提高其装饰效果，这是现代家具设计中应用最广的一类门板。

（4）空心结构

又称为包镶门，有双包镶和单包镶两类。在现代板式家具中双包镶门板已被广泛应用。随着人造材料的开发，双包镶门板内衬料除木材外，可用多种材料来代替，如纸蜂窝、塑料蜂窝、塑料低发泡材料、刨花板等。双包镶结构不但用于门板部件，也用于板式家具的所有部件。空心门板结构表面平滑，便于加工和涂饰，重量轻、开启方便、稳

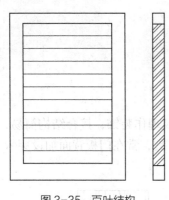

图 3-35 百叶结构

定性好。

（5）百叶结构

百叶门具有遮挡视线的作用，适用于厨房家具等需要通风的场合，如图 3-35 所示。

2. 柜门安装结构

（1）开门

开门是沿着垂直轴线转动开合的门，又称转动门，也称边开门，有单开、双开等形式。开门安装时根据门板和旁板的安装位置不同主要有嵌门、盖门和半盖门三种。门板嵌装于两旁板之间，为嵌门或内开门结构；门板覆盖旁板侧边，即为盖门或外开门结构，如图 3-36 所示。

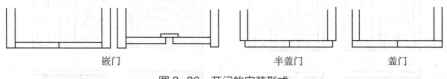

图 3-36 开门的安装形式

开门在柜类家具上的应用很广泛，门板可以固定在旁板的边缘，利用转动的原理开闭。开门的装配结构主要依靠各种铰链，将门板连接在门框或旁板上，实现门的转动开合。铰链有多种，如普通铰链（合页）、杯状暗铰链、玻璃门铰链等多种类型，而每种类型又有多种形式以适应不同要求的柜门。开门的安装要求门能自由旋转 90° 以上，并且不影响柜内抽屉等东西的拉出。门的开启形式如图 3-37 所示。

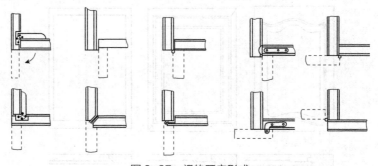

图 3-37 门的开启形式

门板上所需安装铰链的个数与门板的高度及质量有关。除长铰链外，其他铰链每扇门一般用 2 个。门头铰装设于门的两端，其他铰链装在距门上下边缘约为门高的 1/6 处。门高超过 1200mm 时，用 3 个铰链，门高超过 1600mm 时，要用 4 个铰链。

①普通薄铰链或合页。安装在旁板与门板之间的角部，可形成嵌门或盖门式安装，它能使门具有较大的开度，安装简便，精度要求相对较低，价格低廉，但其铰链部分外露，影响美观，且没有自闭功能。因此，常用于低档家具的木质门，如图 3-38 所示。

②杯状暗铰链。杯状暗铰链是近年来广泛应用的开门铰链，具有安装快速方便、便于拆装和调整、隐蔽性好等优点。其安装方式的优点还体现在生产、仓储和运输方面。钻好孔的门可以平着、叠放着存放和运输，铰链可以方便地现场安装。这种铰链由于性能优良，在木家具、整体橱柜、木制装修中都有广泛的应用，但其对加工精度、参数选择、尺

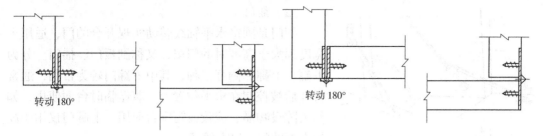

图 3-38 普通铰链安装

寸选择等要求较高，孔位、门宽尺寸需精确计算，如果不能实现规范化的安装设计，其优良的技术性能将无法得到充分的发挥。

杯状暗铰链有直臂、小弯臂、大弯臂之分，分别用于全盖、半盖、嵌门的安装，如图 3-39 所示。杯状弹簧铰链安装后不外露，不影响美观，门关闭后不会自动开启，并可调整门的安装误差，如图 3-40 所示。

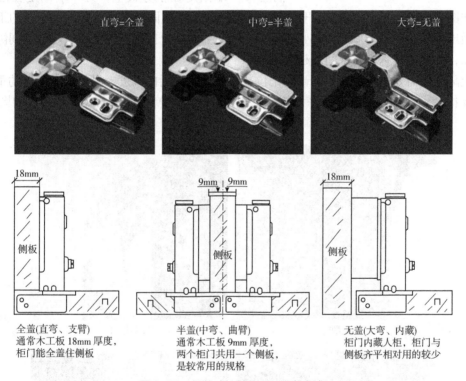

图 3-39 杯状暗铰链的三种安装方式

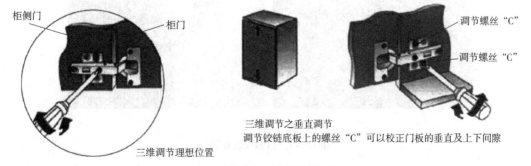

图 3-40 杯状暗铰链的调节

（2）翻门

翻门是围绕水平轴线转动实现开合的门，适用于宽度远大于高度时的门扇，又称翻板门、摇门。分为下翻、上翻和侧翻三种，其中下翻门较为常用，通常打开后被控制在水平位置上，兼做临时台面使用，如作为陈设物品、梳妆或写字台面用。上翻门仅用于高柜上面的门，以方便开关。

翻门需要具有定位机构的专用门头铰链，也可使用上述开门所用的各种铰链来安装，配合牵筋、拉杆来定位，借以保持开启后的水平位置。如下翻门中，为防止其突然向下开启，可安装翻板吊撑、液压支撑或气动阻尼制动筒使翻门慢慢地开启到水平位置。它们通常一端固定在柜旁板上，另一端固定在翻门里

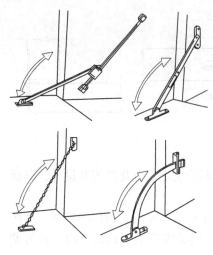

图 3-41 下翻吊杆

侧，如图 3-41 所示。为使门打开时与相连的搁板保持在同一水平位置，下翻门的下面边部要做出型面，使之与搁板边部紧密连接。同时要注意，门的下口要留有足够的间隙，以防碰擦，并且门板越厚要求间隙越大。

上翻门则需要用机械或气动高度定位装置保持打开后的高度。另外还有专用的垂直升降门支撑、上掀摺门（又称水平双折门）支撑，可以变换出多种新式翻板门，如图 3-42 所示。

上翻门

上掀摺门

垂直升降门

图 3-41　普通铰链安装

（3）移门

能沿滑道横向移动而开闭的门称为移门或推拉门。移门的种类有木制和玻璃两种。移门开启不占据柜前空间，适用于室内空间较小的场合，打开和关闭时柜体重心不会偏移，可以保持稳定，常用于柜类家具。但移门每次开启只能敞开柜体的一半，开启面积小。

移门可以是木质门、玻璃门、铝框门。木质移门较厚，占据内部空间大，分量也重，为使滑动顺利，多采用带滚轮的滑动装置，多用于衣柜门。玻璃门和铝框门则较轻巧，且具有一定的装饰效果，多用于食品柜、书柜、装饰柜等。

移门一般在顶板、底板上开槽或嵌入滑轨，也有直接在顶、底板上安装各种滑轨，如图3-43所示。轨道槽沟的尺寸，槽的宽度需略大于门的厚度。对较厚的门板（主要为木质门），入槽部分的厚度需比其小10mm。移门宜设凹槽式拉手，以使两移门能推拉至相互重叠，以方便存取物品。

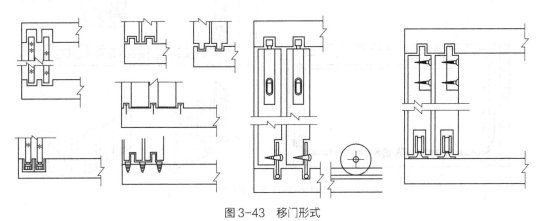

图3-43 移门形式

（4）卷门

卷门是能沿着弧形轨道卷入柜体隐藏起来的帘状滑动门，又称百叶门或软门。可以左右移动开闭，也能上下移动开闭。卷门打开时不占据室内空间，又能使柜内全部敞开，传统的卷门风格别致，但制造技术要求较高，费工费料，成本较高，主要用于高级电视柜、陈列柜等家具。

卷门的材料有木制和塑料两种。木制卷帘是把许多小木条排列起来胶贴于帆布或尼龙布、亚麻布上加工而成的。对于小木条，应有较高的质量要求，因为只要其中一根变形或歪斜，就将妨碍整个门的开关。小木条的厚度通常为10~14mm，必须纹理通直，没有节疤，含水率应为10%~12%。因此，需用专门挑选的木板裁截，并将表面磨光。

卷门按活动方向可分为垂直式卷门和水平式卷门。垂直式卷门在柜体旁板上铣制的沟槽内滑动，可以采用上滑式或者下滑式开启方法。卷帘在柜体内的存放方式有两种：一种是卷帘在柜体后部沿背板滑动，这种方法会给柜体带来深度的损失，如图3-44（a）所示。另一种方法是在柜体的上部或者下部造一个卷帘存放室，这种方法会给柜体的高度方向带来损失。并且柜体下部或上部的螺旋形槽道的弯曲半径不宜太小，槽道要加工得很光滑，以便卷门能灵活地开关，如图3-44（b）所示。

水平式卷门必须在顶板和底板上铣出的沟槽内沿旁板滑入背板的位置。底板的铣槽将承受卷帘的全部重量。为了减小摩擦阻力使滑动轻便，应在底板滑槽内加装塑料滑轨，如图3-45所示。

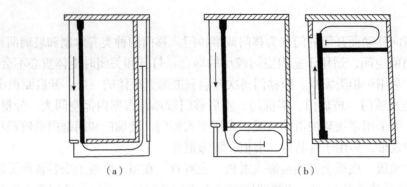

图 3-44 垂直卷门

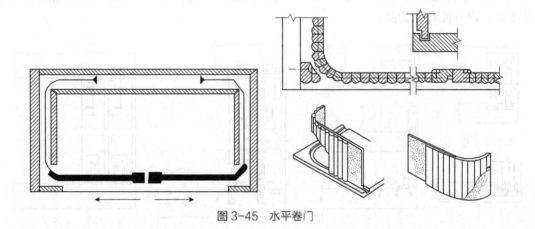

图 3-45 水平卷门

二、抽屉结构

柜体内可灵活抽出或推入的盛放物品的匣形部件即为抽屉。它是家具中用途最广、使用最多的重要部件。广泛应用与柜类、桌几类、台案类及床类家具。抽屉有明抽屉和暗抽屉之分，前者的面板显露在外面，后者是安装在柜门的里面。

抽屉是由屉面板、屉侧板、后挡板和底板形成的箱框，如图 3-46 所示。

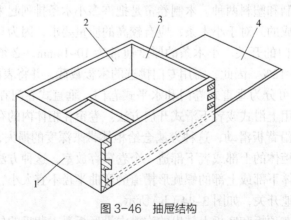

图 3-46 抽屉结构

1.面板；2.旁板；3.后板；4.底板

抽屉可由木材、覆面细木工板、覆面刨花板、覆面纤维板来制作，抽屉底板一般采用较薄的胶合板、硬质纤维板等材料制作。各板件之间的接合在传统框式结构中多采用直角榫或燕尾榫接合，而现代板式结构多采用圆榫及连接件接合。底板一般采用在旁板及屉面板、屉后板上开槽，将底板插入其中的接合形式，也有将底板直接钉接在屉框上的。抽屉常见框架如图3-47所示。

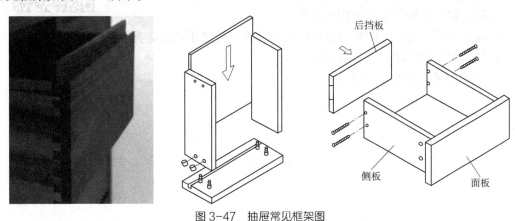

图3-47　抽屉常见框架图

由于抽屉是附属于柜体且在柜体上滑动开合的，所以，除了抽屉自身的结构之外，还应考虑柜体与抽屉的连接。常见的抽屉安装方式有托屉支承式、吊屉式和滑道式等，如图3-48所示。托屉支承式设有托屉撑、导向条和压屉撑。压屉撑与抽屉上缘间距距离为2~3mm。吊屉式宜用于轻便抽屉与不便设托屉撑之处，如在孤立的桌面下设抽屉。现在最常用的方法是设置抽屉滑道，滑道的规格和型号很多，可以满足对抽屉的不同要求，选定时应按所设抽屉的承重以及滑道的长度选择，滑道式推拉轻便，虽然成本较高，但仍被现代家具普遍采用。

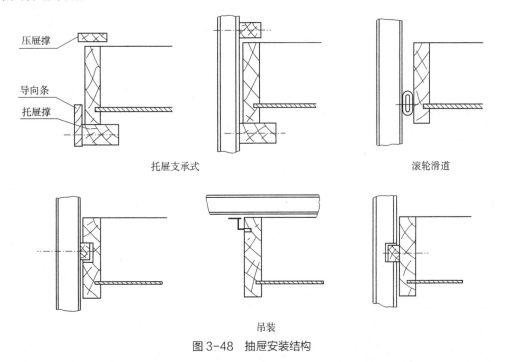

图3-48　抽屉安装结构

【任务实施】
(1) 选择一组含抽屉文件柜,分析其结构。
(2) 绘制该文件柜的结构图,并打印成图册。

【课后练习】
1. 简述常见的柜门门页结构的种类。
2. 简述常见的柜门安装结构的种类。
3. 简述开门安装时,门板与旁板的结构形式以及选用的铰链类型。
4. 简述移门的优缺点及其使用场合。
5. 简述抽屉的常见结构形式。

滑动门示例

项目三 板式柜类家具结构设计

失去了榫卯结构支撑的板式构件的连接需要寻求新的接合方法,这就是采用插入榫与现代家具五金的连接。插入榫与家具五金均需在板式构件上制造接口,最容易制造的接口是槽口,但更具加工效率的是圆孔。槽口可用普通锯片开出,圆孔可通过打眼实现,一件家具需要制造大量接口,所以采用圆孔更为多见,加工圆孔时排钻起着重要作用。要获得良好的连接,对材料、连接件及接口加工工具等都需要综合考虑,"32mm 系统"就此在实践中诞生,并已成为世界板式家具的通用体系,现代板式家具结构设计被要求按"32mm 系统"规范执行。

任务一 认识"32mm 系统"

【学习目标】

>>知识目标

1. 掌握"32mm 系统"的概念。
2. 掌握"32mm 系统"的特点。
3. 掌握"32mm 系统"的标准与规范。

>>能力目标

1. 能够根据"32mm 系统"的标准规范进行孔位的设计计算。
2. 能够根据"32mm 系统"进行柜类家具各板件的设计。

【工作任务】

旁板孔位设计。

【知识准备】

一、"32mm 系统"

1. "32mm 系统"概述

所谓"32mm 系统",在欧洲也被称为"EURO"系统,是一种以模数组合理论为依据,以 32mm 为模数,通过模数化、标准化的"接口"来构成板式家具结构设计的方法,是一种采用工业标准板材和标准钻孔方式来组成家具的手段,同时,也是一种加工精度要求非常高的家具制造系统。以这个制造体系的标准化部件为基本单元,既可以组装为采用圆榫胶接的固定式家具,也可以使用各类现代五金件连接成拆装式家具。简单来讲,"32mm"一词是指板件上前后、上下两孔之间的距离是 32mm 或 32mm 的整数倍。

2. 以 32mm 为模数的原因

32mm 系统的确定主要是基于以下几个方面的因素。

①机械制造方面。用于加工安装连接件的多排钻相邻钻头之间是用齿轮啮合传动的，20世纪70年代的欧洲，在机械制造上专家们认为，对直径超过40mm的高速传动齿轮的制造技术要求比较高，而在40mm以下的会更容易制造。同时，齿轮间合理的轴间距不应小于30mm，否则会影响齿轮装置的寿命。

②习惯方面。欧洲民间习惯使用英寸的比较多，正如我国的木匠使用的寸一样。在确定标准孔距时喜欢选用与人们熟悉的英制尺度，1.0in =25.4mm，如果用1.0in来作为两相邻钻头之间的距离显然不足；另一个习惯使用的英制尺寸为（1+1/4）in=（25.4mm +6.35mm= 31.75mm），取整为32mm。

③数学方面。与30mm相比，32mm是一个可以作完全整数倍分的数值，即它可以不断被2整除，因为$32=2^5$。而2是偶数中最小的数，它在模数化方面起着非常重要的作用，以它为基数，可以演化出许多变化无穷的系列，具有很强的灵活性和适应性。

以32mm作为孔间距的模数，并不表示家具的外形尺寸一定是32mm的倍数，因此与建筑上的300mm模数并不矛盾。

因此，考虑到以上各方面的因素，最后将孔距确定为32mm。

二、"32mm系统"特点

"32mm系统"的主要作用是在板式家具的结构、加工设备、五金配件等因素之间协调系统数值的相互关系。"32mm系统"实际上包括两个方面的内容：一个是设计系统，一个是制造与装配系统。主要是针对大批量生产的柜类家具进行的模数化设计，即以旁板为骨架，钻上成排的孔，用以安装门、抽屉、搁板等。这种家具的模数化扩展到生产设备、五金及其他家具种类上，促成了"32mm系统"的进一步完善和发展，形成了国际上公认的设计规范。

"32mm系统"作为家具工业化设计与制造的标志，在设计与制造过程中引进了标准化、通用化、系列化，实现了"板件即是产品"，将传统的家具设计与制造引入到了一个新的境地，摆脱了传统的手工业作坊和熟练木工。在生产上，因采用标准化生产，可以降低成本，便于质量控制，且提高了加工精度及生产率；在包装贮运上，采用板件包装堆放，有效地利用了贮运空间，减少了破损、难以搬运等麻烦。同时，它使家具的多功能组合变化成为可能。用户可以通过购买不同的板件，自行组装成不同款式的家具，用户不仅仅是消费者，同时也参与设计。

三、"32mm系统"标准与规范

"32mm系统"结构设计应遵循牢固性、标准化、模块化、工艺性、装配性、经济性、包装性等"二化五性"原则，具体内容简要说明如下。

四、牢固性原则

牢固性原则即力学性能原则，就是要求家具产品的整体力学性能满足使用要求。家具的整体力学性能受基材与连接件本身的力学性能、接合参数、结构构成形式、加工精度、装配精度与次数等诸多因素的影响，但在设计阶段应注意原材料与连接件的选用、结构构成形式的确定、接合参数的选取三个问题。显然，原材料与连接件的品质直接决定家具的整体力学性能，在设计时，首先必须根据家具产品的品质定位、使用功能与要求、受力状况等合理选取原材料与连接件的品质与规格。家具的结构构成形式与接合参数是否合理，同样对家具的整体力学性能会产生很大影响，必须谨慎对待。

五、标准化原则

标准化原则是指设计时应考虑家具的整体尺度、零部件规格尺寸、五金连接件、产品构成形式、接合方式与接合参数的标准化与系列化问题。尽可能让家具的整体尺度、零部件形成一定的规格系列，最大程度减少家具零部件的规格数量，给简化生产管理、提高生产效率、降低成本等提供条件。

六、模块化原则

模块化的基础是标准化，但又高于标准化。标准化注重对指定的某一类家具的零部件进行规范化、系列化处理，而模块化除了要做标准化的工作外，还要跳出指定的某类家具这一圈子，在更大的范围内甚至是在模糊的范围内去寻求家具零部件的规范化、系列化。模块化原则就是先淡化产品的界线，以企业现在开发的所有家具产品及可预计到的未来开发的家具产品中的零部件作为考察对象，按零部件物理特征（材料、规格尺寸、构造参数）来进行归类、提炼与典型化，通过反复优化后形成零部件模块库，设计产品时在模块库中选取 N 个模块组合成家具产品。考虑到仅依赖标准的零部件模块库，可能难于完成在外形与功能上要求多变的家具产品设计，一般可以采用以标准模块库的零部件为主，配上非标准模块库的零部件的方法完成家具产品开发。标准模块库是动态的，其中的少数模块可能要被修改、扩充甚至淘汰，而非标准模块库的少数模块也有可能被升级为标准模块。

七、工艺性原则

除极少部分的艺术家具外，绝大部分的家具产品属工业产品范畴，设计必须遵循工艺性原则。所谓工艺性原则就是要求在设计时充分考虑材料特点、设备能力、加工技术等因素，让设计出的家具便于低成本、低劳动、低能耗、省材料、高效率地制造。

八、装配性原则

为了便于家具产品的库存、物流等，板式家具一般为拆装式或待装式结构。装配性原则就是要求在确保家具产品的功能和力学性能等的前提下，科学简化结构，让家具的装配工作简便快捷、少工具化、非专业化。如果一件家具各方面都不错，但需要带上一大堆的专用装配工具，再在客户处花费几小时甚至一整天的时间装配，那么，不但装配成本很高，恐怕再也没有客户敢第二次买这类家具了。目前市面上的拆装家具几乎都要依赖专业安装人员安装，真正的自装配家具很少见到，如果结构能简化到非专业人员也能正确安装，就可将家具的安装成本降低到最低。

九、经济性原则

经济原则是指在保证家具产品品质的前提下，以最低的成本换取最大的经济利益。具体地说，可以从提高材料利用率，简化结构与工艺，贯彻标准化、系列化、模块化设计思想等方面着手降低设计阶段能决定的产品成本。另外,我们对经济性的理解还不能仅仅停留在企业的直接经济性上,还要放眼于整个社会,注重企业与社会的综合经济效益。要做到这一点有不小的难度,但还是要大力提倡。

十、包装性原则

由于家具的品种、材料、形态、结构以及配送方式的差异,对包装的要求也不尽相同。在结构设计时除了要考虑上述几个原则外,还要考虑包装这一因素,使最终产品的包装既经济、绿色又符合库存与流通要求,这就是包装性原则。

"32mm 系统"主要应用于柜类家具的结构设计,其中又以旁板的设计为核心。旁板是家具中最主要的骨架部件,板式家具尤其是柜类家具中几乎所有的零部件都要与旁板发生关系。如顶(面)板要连接左右旁板,底板安装在旁板上,搁板要搁在旁板上,背板插或钉在旁板后侧,门铰的一边要与旁板相连,抽屉的导轨要装在旁板上等。因此,"32mm 系统"中最重要的钻孔设计与加工也都集中在旁板上,旁板上孔的位置确定以后,其他部件的相对位置也就基本确定了。可见旁板的设计在"32mm 系统"的家具设计中至关重要。

柜类家具的柜体框架一般是由顶底板、旁板、背板等结构部件构成,而活动部件,如门、抽屉和搁板等则属功能部件。门、抽屉和搁板都要与旁板连接,"32mm 系统"就是通过上述规范将五金件的安装纳入同一个系统。所以通过排钻(板式家具生产的必备设备)在旁板上预钻孔,也就是系统孔,用于所有"32mm 系统"五金件的安装,如铰链底座、抽屉滑道和搁板支承等。

"32mm 系统"中,旁板前后两侧各设有一根钻孔主轴线,轴线按 32mm 的间隔等分,每个等分点都可以用来预钻安装孔。预钻孔分为结构孔和系统孔,前者是形成柜类家具框架体所必须的接合孔,主要用于连接水平结构板;系统孔用于铰链底座、抽屉滑道、搁板等的安装。两者应分别处在各自的"32mm 系统"网格内,即系统孔之间的距离要保持为 32mm 的整数倍,结构孔之间的距离也要保持为 32mm 的整数倍。由于两者作用不同应分别安排,没有相互制约的关系,也就是说结构孔与系统孔并非一定在同一"32mm 系统"网格内。一般结构孔设在水平坐标上,系统孔设在垂直坐标上。这两类孔的布局是否合理,是"32mm 系统"成败的关键。

十一、系统孔

系统孔一般设在垂直坐标上,分别位于旁板前沿和后沿,如图 3-49 所示,是装配门、抽屉、搁板等所必需的安装孔,主要用于铰链、抽屉滑道、搁板撑等的安装。通用系统孔的主轴线分别设在旁板的前后两侧,前侧为基准主轴线。对于盖门,前侧主轴线到旁板前侧边的距离应为 37mm(或 28mm);对于嵌门,则该距离应为 37(或 28mm)加上门板的厚度。后轴线也按同原理计算。前后轴线之间及其辅助线之间均应保持 32mm 整数倍距离。通用系统孔孔径为 5mm,孔深规定为 13mm。当系统孔用作结构孔时,其孔径

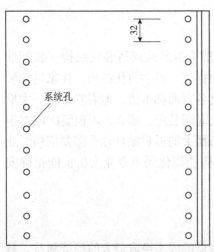

图 3-49 系统孔

根据选用的配件要求而定，一般常为 5mm、8mm、10mm、15mm、25mm 等。

系统孔具有以下作用：

①准确定位、提高效率、增加接合强度。系统孔的作用首先是提供安装五金件的预钻孔。如不预钻系统孔，安装抽屉滑道和门铰链需依靠工人手工画线后再用手电钻打孔，不但效率低，而且往往会造成人为误差，影响后续安装工序的精确性和组装后的产品质量。同时，在预钻孔内预埋膨胀管，再拧入紧固螺钉，可避免因人造板的握钉力不强而影响连接强度，且能够多次反复拆装。

②实现旁板的通用性和使用的灵活。对企业来说旁板上两排（或三排）打满的系统孔，可实现旁板的通用性，即以一种钻孔模式满足不同的需要，对于同一高度和深度的柜体无论配置单门、三抽屉、五抽屉都可以在同一块旁板上实现。对用户而言则是增加了使用的灵活性，如活动搁板可随需要进行高度调节，暂时未用的系统孔也为将来增加内部功能或改变立面提供了可能，像增加搁板或把单门柜的门换成三个抽屉等。

十二、结构孔

结构孔设在水平坐标上，是形成柜体框架必不可少的接合孔，位于旁板两端以及中间位置，主要用于各种连接件的安装和连接水平结构板（如顶板、底板、中搁板）等。上沿第一排结构孔与板端的距离及孔径应根据板件的结构形式与选用配件具体确定。图 3-50 为偏心件连接的结构孔示意图。

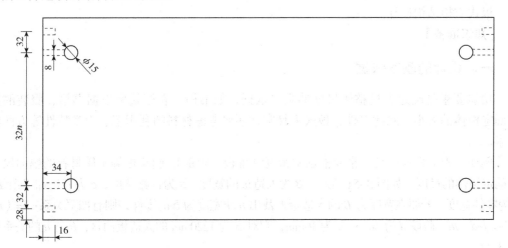

图 3-50　偏心连接件结构孔示意图

十三、旁板尺寸设计

（1）旁板的宽度 W

按对称原则确定为 $W=2K+32n$。式中 K 为前后系统排孔线到前后侧边的距离。对于盖门，$K=37$mm（或 28mm）；对于嵌门，$K=$ 门厚 $+37$mm（或 28mm）。

（2）旁板的长度 L

$L=A+B+32n$。式中 $A=1/2$ 顶板厚；$B=1/2$ 底板厚。通常顶、底板厚度相同。

【任务实施】

（1）选择门板内嵌式、半盖式和全盖式其中的一种，自定义板厚，合理选择五金件类型。

（2）确定旁板的尺寸，为这块文件柜旁板设置系统孔和结构孔，并绘制图纸。

【课后练习】

1. 简述"32mm"系统的概念。
2. 简述以"32mm"为模数的原因。
3. 简述系统孔和结构孔的概念及其区别与联系。
4. 简述系统孔的作用。
5. 当门板内嵌、半盖或全盖旁板时，如何定位结构孔和系统孔？

任务二 板式衣柜结构设计

【学习目标】

>> 知识目标

1. 能够根据"32mm 系统"的标准规范进行系统孔位的设计计算。
2. 能够根据"32mm 系统"的标准规范进行结构孔位的设计计算。

>> 能力目标

1. 能够根据"32mm 系统"进行柜类家具旁板的设计。
2. 能够根据"32mm 系统"进行柜类家具其他各板件的设计。

【工作任务】

板式衣柜结构设计。

【知识准备】

一、设计的基本依据

功能要求是确定家具整体尺度的主要依据，如书柜、衣柜就要根据书籍、服装的尺寸确定柜体的大小。除此以外，板式家具常常还要考虑材料的利用率、力学特性等方面的因素。

例如，柜类板式家具常常要根据中密度纤维板（MDF）、刨花板等木质材料的幅面尺寸来确定柜体的尺度。如图 3-51 所示，B 为人造板的宽度，d 为锯路宽度，c 为齐边加工余量，b 为零件宽度。若要在宽度为 B 的人造板上裁出 n 块宽度为 b 的零件，则有如下关系：$b=(B-2C-nd-d)/n$。假设 d 为 5mm，c 为 10mm，则对 B 为 1220mm 的人造板而言，b 与 n 的关系见表 3-11。

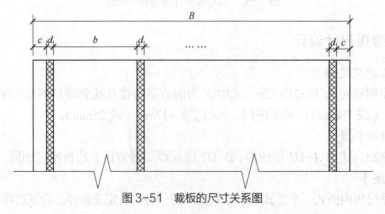

图 3-51 裁板的尺寸关系图

对于一些大尺寸的零件，可根据功能尺度要求，结合表 3-11 中 b 与 n 的关系确定零件的宽度，获得材料的最大利用率。如书柜旁板的宽度不应大于 293mm 与封边厚度之和，书柜门板的宽度最好不大于 393mm 与封边厚度之和，衣柜旁板的宽度不应大于 592mm 与封边厚度之和。当然，人造板的锯裁时，一块板材上不一定只锯裁一种宽度的零件，可能要锯裁多种宽度的零件，这时，同样可仿照上述方法确定零件的宽度。

表 3-11　b 与 n 的关系

mm

n	1	2	3	4	5	6
b	1190	592	393	293	234	194

若参照上述的方法确定出了柜的旁板与门板的宽度、搁板的长度等主要零件的尺寸，那么，柜体的整体尺寸也基本上被定下来了。

设计的初始条件与要求如下：

面板为厚度 25mm 的装饰 MDF，背板为厚度 5mm 的 MDF，旁板、搁板、底板、拉条、抽屉面板为厚度 16mm 的装饰 MDF，抽屉旁板、背板为厚度 12mm 的装饰 MDF，抽屉底板为厚度 5mm 的装饰 MDF。

圆榫直径为 8mm、长度为 32mm，偏心体直径为 15mm、高度为 12.5mm、安装孔距为 33mm，吊紧螺钉的直径为 6mm，尼龙预埋膨胀螺母的直径为 10mm、高度为 12mm。

抽屉滑道为托底安装式滚轮滑道。

铰链为杯状暗铰链。

贮物柜的外形尺寸初步确定为高度 760mm、宽度 450mm、深度 400mm。

二、设计分析

首先，按图 3-52 所示的外形图，对 9 个贮物柜的结构特征进行分析。从表象看，9 个贮物柜的功能、外表特征、贮物空间等各不相同，但不难看出，完全可以让 9 个贮物柜的胴体结构及外形尺寸相同，实现旁板、面板、底板、搁板、背板、踢脚板及抽屉通用，但门要分大、中、小三种规格。

其次，确定结构形式与接合方式。在本例中，底板、拉条与旁板间用圆棒榫和偏心连接件连接。背板采用插槽式连接，即插入旁板、底板、拉条的沟槽内。搁板用搁板支承件连接到旁板上，抽屉采用滚轮式滑道。门板半盖旁板边缘，用杯状暗铰链与旁板相连。踢脚板用圆棒榫连接到旁板上。

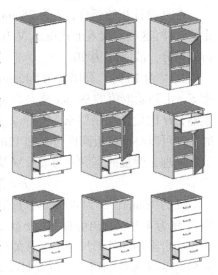

图 3-52　储物柜

最后，依次设计各零部件的尺寸、孔位、孔径、孔深等。

三、零部件设计

1. 旁板设计

旁板是柜子的核心部件，应该首先考虑。根据初定的柜体外形尺寸及接合要求等设计条件，绘制出图 3-53 所示的旁板主要孔位、尺寸及与相关零件的位置关系图。图中 D 为柜深、H 为柜高、T 为面板厚、h 为旁板高、b 为旁板宽、F 为踢脚板高、G 为吊紧螺钉安装孔的孔距、M 与 N 为一整数。

由图 3-53 可知，旁板的高度 h 与 G、F、H、T、N 有如下关系。

$$h = 2G + 32N + F = H - T$$

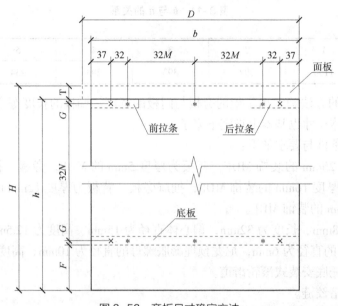

图 3-53　旁板尺寸确定方法

根据设计初始条件，T 为 25mm，G 取 8mm，H 为 760mm（暂定值），F 取 90mm（暂定值）。将这些值代入上式得出 N 为 19.66，考虑到在本例中要将高度方向上的贮物空间进行 4 等分，故取 N 为 20。

当 N 为 20 时，算出 h 为 746mm，作取整处理后取 h 为 740mm。为此，要将踢脚板高度 F，由初始取值的 90mm 减去 6mm 后修正为 84mm。再按上式计算出柜高 H 为 771mm，显然，H 比设计初始要求 760mm 高出了 11mm。本例允许 H 作修正，若 H 不允许作修正时，则可以将踢脚板高度再减去 11mm。

同理，旁板的宽度 b 与 D、M 及门板厚 dt 有如下关系。

$$b = 37 + 32 + 64M + 32 + 37 = D - dt$$

dt 为 16mm，D 为 400mm（暂定值）。将这些值代入上式得出 M 为 4.09，取 M 为 4。则当 M 为 4 时，算出旁板宽度 b 为 394mm，相应柜深 D 修正为 410mm。

确定出柜的外形尺寸、旁板的尺寸后，接着就可以进行旁板及其他零部件的设计。图 3-54 是柜体零件的尺寸、位置对应关系展开图，按此关系设计各零件。

旁板的零件图如图 3-55 所示。左右两块旁板完全对称，一块旁板适用于图 3-52 所示的 9 个柜，甚至更多的柜。4 个直径 10mm 的孔用于安装尼龙预埋螺母，8 个直径 8mm 的孔用于安装圆棒榫。距旁板边缘 37mm 的两排直径 5mm 的孔为系统孔，用于固定搁板、抽屉滑道、铰链底座。为了提高抽屉滑道的安装精度与速度，在距旁板后侧边缘 69mm 处，设立了一排 4 个直径 5mm 的孔。距旁板后侧边缘 8mm 处，开了 1 个宽 6mm、深 8mm、长 646mm 的背板插入槽。

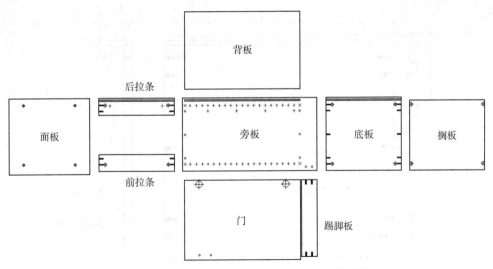

图 3-54 柜体零件的尺寸、位置对应关系展开图

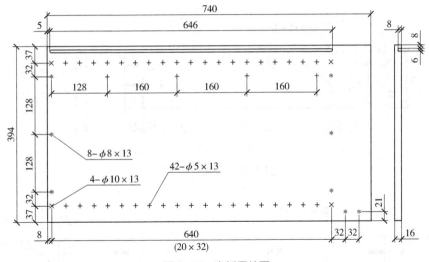

图 3-55 旁板零件图

2. 底板、拉条、搁板、面板设计

底板、拉条及搁板的零件图如图 3-56 至图 3-59 所示。根据柜宽 450mm 的要求，去除两块旁板的厚度（2×16=32mm），则底板、拉条及搁板的长度为 418mm。底板的宽度应与旁板的宽度一致即为 394mm，前、后拉条的宽度为 90mm，搁板的宽度在让出安装背板的位置后为 380mm。底板、后拉条上开了 1 个宽 6mm、深 8mm 的背板插入槽。直径 15mm 的孔用于安装偏心体，板端面上直径 7mm 的孔用于穿吊紧螺钉，而前、后拉条板面上直径 7mm 的孔用于穿插固定面板的螺钉，直径 8mm 的孔用于安装圆棒榫，搁板上直径 18mm 的孔用于安装搁板支承。

面板的零件图如图 3-60 所示。面板的长度为 450mm、宽度为 410mm、直径 10mm 的孔用于安装尼龙预埋螺母。

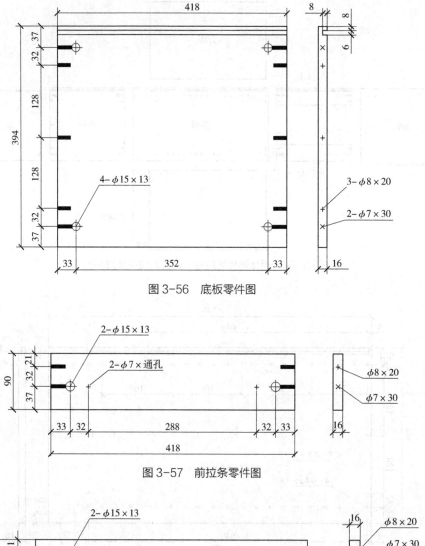

图 3-56 底板零件图

图 3-57 前拉条零件图

图 3-58 后拉条零件图

3. 背板、踢脚板设计

踢脚板的零件图如图 3-61 所示。踢脚板的长度应与底板的长度相同，即长度为 418mm，宽度为 84mm，两端分别用两个直径为 8mm 的圆棒榫与旁板连接。

背板的零件图如图 3-62 所示。背板的长度按底板与拉条间的净高度 624mm，再加上插入槽的深度（$7.5 \times 2 = 15$mm）来确定，即为 639mm。背板的宽度按两旁板间的净宽度 418mm，再加上插入槽的深度（7.5×2）mm 来确定，即为 433mm。

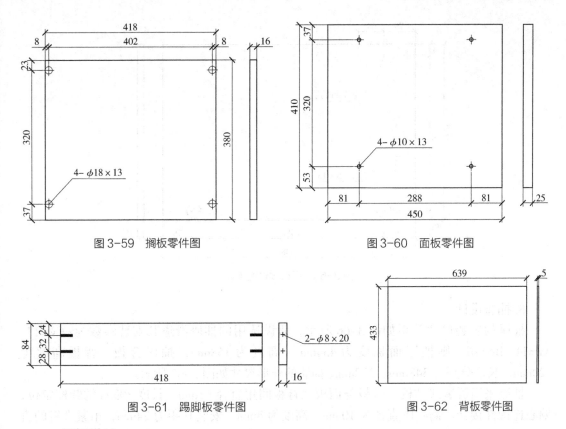

图 3-59 搁板零件图

图 3-60 面板零件图

图 3-61 踢脚板零件图

图 3-62 背板零件图

4. 门板设计

本例中门板有小、中、大三种规格，零件图如图 3-63 至图 3-65 所示。采用半盖式门，门宽度尺寸的确定以旁板边的中缝为基准，故门的宽度均为 434mm，门高度尺寸的确定以底板或拉条或搁板的中缝为基准，考虑门与抽屉面板要留 2mm 间隙，在门、抽屉面板的上下两边各减去 1mm，故门的高度分别为 318mm、478mm、638mm。直径 35mm 的孔用于安装铰杯，直径 5mm 的孔用于安装拉手，孔与门边缘的距离在三种规格的门中完全统一，便于生产中的工件定位与钻头的调整。

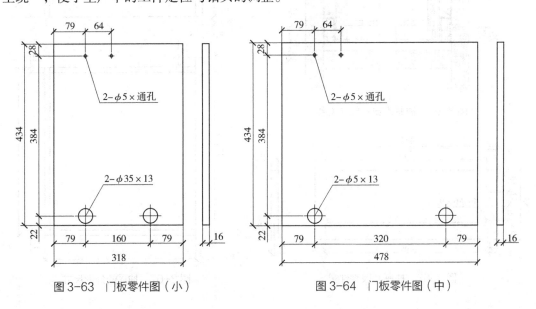

图 3-63 门板零件图（小）

图 3-64 门板零件图（中）

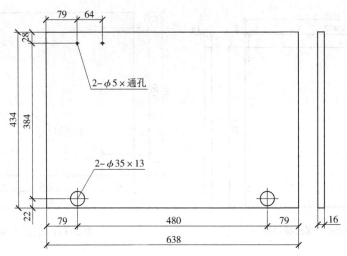

图 3-65 门板零件图（大）

5. 抽屉设计

抽屉的安装尺寸关系如图 3-66 所示，假设选用的抽屉滑道其安装参数为：Cw=13、Aw=11、Bw=16。则抽屉面板度为 434mm、高度为 158mm，抽屉旁板、背板高度为 120mm，长度分别为 348mm、392mm，抽屉的外形尺寸如图 3-67 所示。

抽屉采用拆装式结构，旁板与面板及背板间用直径 61mm、长度 30mm 的圆榫定位，偏心连接件接合。偏心体直径为 10mm、高度为 8mm、安装孔距为 24mm，吊紧螺钉的直径为 5mm，尼龙预埋膨胀螺母的直径为 8mm、高度为 8mm。底板采用插槽式接合，沟槽宽为 5mm、沟槽深为 6mm。

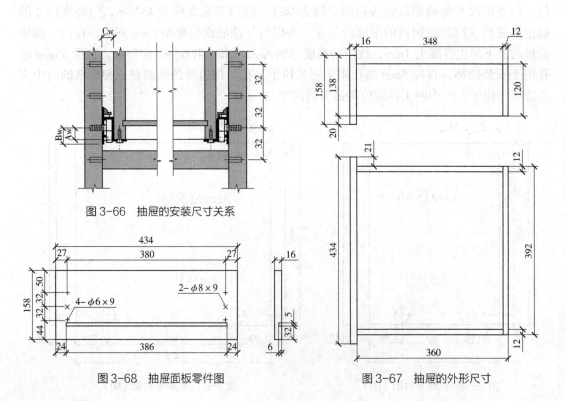

图 3-66 抽屉的安装尺寸关系

图 3-68 抽屉面板零件图

图 3-67 抽屉的外形尺寸

抽屉面板、旁板、背板、底板的零件图分别如图 3-68 至图 3-71 所示。在前面提到过模块化设计问题，如果在上述的结构设计实例中再增加一个面板高度为 318mm 的抽屉，并把所有的零件图作为模块，构成一个小的模块库，那么，仅引用该小模块库中的模块，就可设计出远比图 3-54 多得多款式的贮物柜。若再增加一些面板的规格，如对面板的边缘形状作一些变化或改变面板伸出柜体的量，则又可以设计出更多款式的贮物柜。

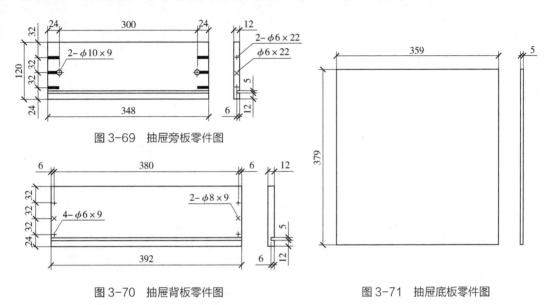

图 3-69　抽屉旁板零件图

图 3-70　抽屉背板零件图

图 3-71　抽屉底板零件图

【任务实施】
（1）自主选择各板件间的结合方式，自定义板厚，合理选择五金件类型。
（2）为该文件柜确定尺寸、各板件间的结合方式及孔位，绘制结构图纸。

【课后练习】
1. 简述旁板高度的设计和计算过程。
2. 简述旁板宽度的设计和计算过程。
3. 简述底板、面板、搁板的孔位设计。
4. 简述门板的孔位设计。

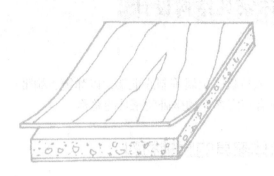

模块四
其他类型家具结构设计

项目一　软体家具结构设计
项目二　金属家具结构设计

项目一 软体家具结构设计

软体家具一般是指用不同材料如实木、人造板、金属等制成框架，以弹簧、绷带、泡沫塑料为弹性填料，表面包覆各式面料，具有一定弹性的坐卧类家具的总称。

任务一 认识软体家具的原辅材料

【学习目标】
>>知识目标
1. 掌握软体家具软体材料类型。
2. 掌握软体家具软体材料特性。
3. 掌握6种常见的弹簧和5种软垫物的特性。
>>能力目标
能够合理选择软体家具软体材料。

【工作任务】
材料的观察与记录。

【知识准备】
软体家具按其材料，可分为皮革类软体家具、织物类软体家具和塑料类软体家具。

图4-1 皮革类软体家具

图4-2 织物类软体家具

图4-3 塑料类软体家具

皮革类软体家具：以真皮、人造仿皮革作为外套材料的软体家具，牛皮沙发、皮革床等（图4-1）。

织物类软体家具：以布料等纺织材料为外套的软体家具，布艺沙发等（图4-2）。

塑料类软体家具：用塑料为主要材料所制成的软体家具，外壳为塑料的软体椅（图4-3）。

一、软体家具的框架材料

1. 木质材料

软体家具的框架结构最常用的材料为木质材料，包括实木及人造板，如胶合板、刨花板、纤维板、单板层积材等。传统框架以实木材料为主，现代则多采用实木和人造板相结合的结构。而且，现代人造板的广泛使用，使沙发框架结构有了新的发展，如随着胶合弯曲工艺的发展，沙发造型也随之丰富，无需绷带或弹簧，在弯曲的人造板面上包上软包材料，就可构成时尚的沙发（图4-4）。

图4-4　木质框架

2. 金属材料

软体家具中的金属材料通常以管材、板材、线材或型材等形式出现。用作软体家具的框架材料，同时还具有很好的装饰性。金属材料强度高、弹性好、韧性强，可以进行焊、锻、铸造等加工，可以任意弯曲成不同形状，形成曲直结合、刚柔并济、纤巧轻盈、简洁明快的各种软体家具的造型（图4-5）。

图4-5　金属框架

二、软体家具的软体材料

1. 弹簧

弹簧是软体家具的主要材料之一，使用弹簧的目的在于提供优良的弹力，并在压力撤销后，能使软体家具表面恢复原状。软体家具的舒适感多来自于弹簧的弹力作用，能否达到目的，并不取决于弹簧数量的多少，而依赖于弹簧的结构和质量的高低。常见有螺旋弹簧和蛇形弹簧两类，而螺旋弹簧按形状又可分为中凹型螺旋弹簧（腰鼓弹簧）、圆柱形螺旋弹簧（包布弹簧）、宝塔形螺旋弹簧、拉簧、蛇簧等。

（1）中凹型螺旋弹簧

具有良好的弹性且固定方便，是软体家具生产中应用最广泛的一类弹簧。在沙发生产中主要用于传统结构沙发的坐垫部分，在连接式弹簧床垫芯中则是以中凹型螺旋弹簧为主体，并用螺旋穿簧和专用铁卡固定在一起（图4-6）。

（2）独立筒弹簧

由一定直径的碳素弹簧钢丝盘绕而成，常用的自由高度为120~125mm，是弹簧软体家具中另一种高质量的弹簧系统。它保留了传统的高质量弹簧特性，通常将圆柱形螺旋弹簧独立缝制于无纺布袋中，然后用热熔胶将各个布袋组装成一个整体，每个弹簧体可分别动作，独立支撑，一般用于沙发坐垫包或袋装式弹簧芯制作（图4-7）。

 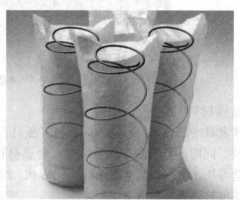

图4-6　中凹型螺旋弹簧　　　　　　图4-7　独立筒弹簧

（3）拉簧

一般由直径为2mm的70号钢丝绕制，其外径为12mm，长度根据需要定制。拉簧常与蛇簧配合使用，也可单独用作沙发的靠背弹簧。

（4）宝塔形螺旋弹簧

呈圆锥形，故又称圆锥形螺旋弹簧、喇叭弹簧。使用时大头朝上，小头钉固在骨架上。这样可节约弹簧钢丝用料，但稳定性较差。常用钢丝穿扎成弹性垫子，适用于汽车和沙发坐垫等（图4-8）。

（5）穿簧

一般用直径为1.2~1.6mm的70号碳素钢丝绕制，绕成圈径比被穿弹簧的直径略大一些，其间隙小于2mm。弹簧床垫中的螺旋弹簧一般是依靠穿簧连接成整体。在绕制穿簧的过程中，将弹簧床垫中相邻的螺旋弹簧的上、下圈分别纵横交错地连接成床垫弹簧芯，既简便迅速，又牢固可靠（图4-9）。

（6）蛇形弹簧

又称弓簧、曲簧，多数采用直径为3~3.5mm的碳素钢制成，呈蛇形弯曲，因此有"蛇形弹簧"之称，其宽度一般为50~60mm，长度可根据实际需要而定。在软体家具的生产中，蛇簧主要用在沙发的底座及靠背上，一般要求用作沙发底座时，其钢丝直径应大于3.2mm；用作沙发靠背时，其钢丝直径应大于2.8mm。蛇簧可单独作为沙发底座及靠背弹簧，也可与绷带配合起来使用，且表面通常以泡沫塑料作为软垫层。

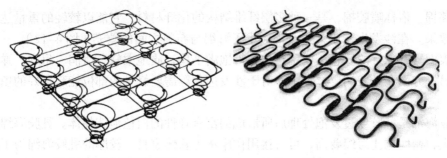

图 4-8　宝塔形螺旋弹簧　　　　　　图 4-9　穿簧

2. 软垫物

主要包括泡沫塑料、棉花、羽绒、人造棉、棕丝等具有一定弹性与柔软性的材料。

（1）泡沫塑料

泡沫塑料是一种充满气体、具有封边性松孔结构（孔壁互不相通）或连孔性松孔结构（孔腔相通）的新型轻质塑料。是一种聚氨酯发泡塑料，具有质轻、绝热、隔热、绝电、耐腐蚀等特性，而且有足够的强度、优良的弹性和耐磨性等。由于现代化工技术的进步和泡沫塑料性能的改善，泡沫塑料的性能已经可部分取代弹簧的性能，在软体家具生产中的应用也日益广泛，已成为软体家具的主要材料之一，相应地也带来了现代软体家具制作工艺的简化。用于软体家具上的主要是软质聚氨酯泡沫塑料，常用的有海绵、杜邦棉和乳胶海绵三类。

海绵是一种聚氨酯软发泡橡胶，具有较好的弹性，可代替弹簧的部分功能，近年来应用渐多，在很大程度上省去了传统的包绑弹簧的复杂工艺。海绵通常可以分为高回弹海绵、低回弹海绵、特硬棉、超软棉、特殊棉等，还可以分为防火海绵与非防火海绵。

用于沙发填充的海绵主要分三大类：一是常规海绵，是由常规聚醚和 TDI 为主体制成的海绵，特点是具有较好的回弹性、柔软性和透气性（图 4-10）；二是高回弹海绵，是一种由活性聚醚和 TDI 为主体制成的海绵，其特点是具有优良的机械性能，较好的弹性，压缩负荷大，耐燃性和透气性好（图 4-11）；三是乱孔海绵，是一种内孔径大小不一的与天然海藻相仿的海绵，其特点是弹性好，压缩回弹时具有极好的缓冲性。

在沙发制作过程中，海绵主要应用在座垫、靠垫及扶手上。通常由几层不同密度和硬度的海绵所组成：内层通常要求有一定的硬度和缓冲性能，因而常用厚的硬质海绵；外层要求柔软有弹性，以达到沙发造型及舒适性要求，所以常采用薄的软质海绵。沙发生产中常用的密度为 20~35kg/m³，密度高的用于坐垫，密度低的用于靠背和扶手。

图 4-10　常规海绵　　　　　　图 4-11　高回弹海绵

杜邦棉，俗称喷胶棉，是一种多层纤维结构的化纤材料，它能以较轻的重量达到较好的填充效果。在沙发生产工艺中，常应用于海绵与布料之间的填充（图4-12）。一方面能使沙发表面具有良好的质感，使用料包扎得饱满平稳，质地柔软、滑润、耐磨，弹性也较理想；另一方面在沙发扪皮过程中，对于沙发边角等需要修补的部位能起良好的填充与造型作用。

乳胶海绵是乳胶经过发泡处理后所形成的富有弹性的白色泡沫物体。乳胶海绵的弹性比海绵大，密度也比海绵要高，可直接用作床垫等软体家具。较厚的乳胶海绵为了减轻重量，背面制成圆柱形凹孔。乳胶海绵由于价格较贵，一般用于高级软体家具（图4-13）。

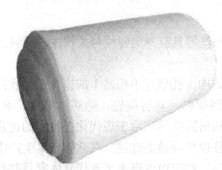
图4-12 杜邦棉

图4-13 乳胶海绵

（2）棕丝及相关软垫物

棕丝具有较强的柔韧性与抗拉强度、不吸潮、耐腐蚀、透气性好、使用寿命长等优点，所以一直是我国弹簧软体家具中主要的软垫物。与棕丝材料相类似的软垫物有椰壳衣丝、笋壳丝、麻丝、藤丝等。

（3）棉花

主要作为弹簧软体家具的填充物，铺垫于面料下，以使用料包扎得饱满平稳、质地柔软、滑润、耐磨，弹性也较理想。现在随着泡沫塑料的应用，逐渐取代了棉花，故棉花在软体家具中的应用已逐渐减少。

（4）羽绒

将细羽毛经过水洗、除尘、消毒、烘干等多道工序制成羽绒或毛片，具有质地轻柔、保暖透气、坐感舒适、长期使用变形小的特点，在现代高档沙发中应用越来越广泛。但羽绒价格高，弹性不佳，通常与海绵配合起来使用。

（5）人造棉

棉型人造短纤维的俗称，也称公仔棉或丝棉，具有质地光滑、柔软性好、坐感舒适的特点，但机械性能差，压缩负荷小，耐火及耐酸碱性差，通常与羽绒混合起来使用，主要用于靠垫填料。

3. 绷带

绷带在现代沙发生产中应用非常广泛，绷带的种类很多，有麻织类绷带、棉织类绷带、橡胶类绷带、塑料类绷带等多种结构。目前比较常用的是麻织类绷带或棉织类绷带，俗称松紧带，其宽度约为50~70mm，卷成圆盘销售。常纵横交错绷钉在沙发、沙发椅、沙发凳的底座及靠背上，然后将弹簧缝固于上面。由于绷带具有一定弹性与承载能力，所以也可以将其他软垫物、泡沫塑料、棕丝等）直接胶固在其上，制成软体家具。麻织类绷带强度较高、伸缩性小、弹性较好，是底座常用的绷带；棉织类绷带强度较低，一般用于扶手或靠背，而不用于底座。

4. 面料

面料是包在软体家具外表的织物，除了使用功能外，还起装饰、保护和美化等作用。软体家具的面料主要包括布料和皮革两大类。软体家具除面料的外观、色彩、图案外，更应重视面料的耐磨性、耐拉伸、断裂性、透气性等性能。

（1）布料

作为软体家具的面料，布料不仅透气，而且质地、色彩、光泽、图案等能体现出软体家具的装饰效果。布料一般都有柔软的质感，或素色或有图案，显得线条圆润、亲和力强、触感柔和。常用布料软体家具的面料有天然织物、人造织物和混纺织物（图4-14）。

（2）皮革

软体家具的档次除内部质量和做工外，还集中表现在面料上，皮革沙发具有庄重典雅、华贵耐用的特点，是高档沙发的主要面料。通常讲的皮革包括真皮、再生皮及人造革等三类，用于制作软体家具的真皮通常是牛皮、羊皮、猪皮等（图4-15）。

真皮指的是把生皮上的表皮、皮下组织等通过机械处理和化学作用除去以后而保留下来的真皮部分。因厚度与价格因素，原皮不会直接用作软体家具的面料，通常会作层间分割。最外的一层称作头层皮，也叫全青皮，皮质柔软、贵重。其次分别为二层皮与三层皮，一般就分割三层，二层皮也称半青皮，表面张力、柔韧性和耐磨性都不如头层皮，价格相对低廉。头层皮在放大镜下有清晰的毛孔可见，摸压时偏硬。目前真皮沙发多用牛皮做面料。沙发皮革以运用头层皮和二层皮为主。

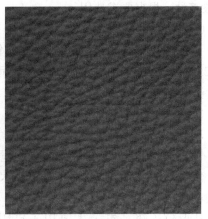

图4-14　布料　　　　　　　　　　图4-15　皮革

再生皮是用真皮加工过程中的皮屑作为纤维材料，在黏合剂作用下经一定的工艺加工之后黏合在一起，再进行脱水、成型、压制、干燥、打光、硫化、涂饰后制成的。再生皮的特点是皮张边缘整齐、利用率高、价格便宜，但皮身较厚，强度较差。再生皮的纵切面纤维组织均匀一致，可辨认出混合纤维流质物的凝固效果。再生皮常用于价位较低的沙发产品，与真皮搭配使用。

人造革，也称仿皮，是PVC和PU等人造材料的总称。它是在纺织布基或无纺布基上，由各种不同配方的PVC和PU等发泡或覆膜加工制作而成。可以根据不同强度、耐磨度、耐寒度和色彩、光泽、花纹图案等要求加工制成，具有花色品种繁多、防水性能好、边幅整齐、利用率高和价格相对便宜的特点。但绝大部分的人造革，其手感和弹性无法达到真皮的效果，多用于沙发背面、扶手外侧等人体接触不到的部位。

三、软体家具的其他辅助材料

1. 底布

底布的材料有麻布、棉布、化纤布等。沙发生产中常用的为麻布，强度很高，其幅面一般为1140mm。弹簧软体家具一般需要分别在弹簧及棕丝上各钉蒙一层麻布，沙发扶手需钉蒙两层麻布，起保护与支撑作用。棉布与化纤布一般用于靠背后面、底座下面作为沙发遮盖布，起防尘作用，同时也作为面料的拉布、塞头布及里衬布，以满足制作工艺与质量的要求。

2. 面料绳

主要包括蜡绷绳、细纱绳、嵌绳、拉绳等。

（1）蜡绷绳

由优质棉纱制成，并涂上蜡，能防潮、防腐，使用寿命长。其直径为3~4mm。主要用于绷扎圆锥形、双圆锥形、圆柱形螺旋弹簧，以使每只弹簧对底座或靠背保持垂直位置，并互相连接成为牢固的整体，以获得适合的柔软度，并使之受力比较均匀。

（2）细纱绳

俗称纱线，主要用来使弹簧与紧蒙在弹簧上的麻布缝连在一起。并要缝接头层麻布与二层麻布中间的棕丝层，使三者紧密连接，而不使棕丝产生滑移。另外可用于第二层麻布四周的锁边，以使周边轮廓平直而明显。细纱绳的规格有21支21股、21支24股、21支26股三种，根据要求选用。

（3）嵌绳

又称嵌线。嵌绳跟绷绳的粗细基本相同，只是不需要上蜡，较为柔软。需用宽度为20~25mm的布条包住，缝制在面料与面料周边交接处，以使软体家具的棱角线平直、明显、美观。

3. 钉

软体家具所用的钉，主要有圆钉、木螺钉、骑马钉、鞋钉、气枪钉、泡钉、扣钉等。

圆钉主要用于钉制沙发的内结构框架及绷带。在工厂常用卷钉枪来固定圆钉。

木螺钉按头部的形状可分为沉头木螺钉、半沉头木螺钉、圆头木螺钉。主要用于沙发骨架的连接。

U形钉（骑马钉）主要用于钉固软体家具中的各种弹簧、钢丝，也可用于固定绷绳。

鞋钉主要用于钉固软体家具中的底带、绷绳、麻布、面料等。

Ⅱ形气枪钉主要用于钉固软体家具中的底带、底布、面料。

漆泡钉（泡钉），由于钉的帽头涂有各种颜色的色漆，故俗称漆泡钉。主要用于钉固软体家具的面料与防尘布。不过，现代沙发很少使用此钉。其原因是钉的帽头露在外表，易脱漆生锈影响外观美，所以应尽量少用或用在软体家具的背面、不显眼之处。其规格一般钉帽直径为9~11mm、钉杆长15~20mm、钉杆直径1.5~2mm。

扣钉主要应用于软体家具生产制作中，如弹簧与钢丝边的固定。在生产床垫弹簧芯时，四周弹簧的上下圈分别用扣钉固定于钢丝条上，起到一个稳定与加固作用。

4. 喷胶

软体家具中软垫层之间及软垫层与框架之间的连接一般要用到喷胶，是一种溶剂型橡胶胶黏剂，质地柔软，能与多种材料具有良好的胶合性能。

软体家具生产中还会用到各种各样的塑料胶条、拉布条、锁合胶条等装饰收口材料，有些还会用到金属脚及脚轮，甚至专用的连接件和配件等。

【任务实施】

（1）搜集表4-1中的常用弹簧及软垫料。

（2）在表4-1中记录这些材料的特点及其应用。

表4-1 材料特性记录表

名称	主要特点及应用
中凹型螺旋弹簧	
圆柱形螺旋弹簧	
拉簧	
宝塔形螺旋弹簧	
穿簧	
蛇簧	
泡沫塑料	
棕丝	
棉花	
羽绒	
人造棉	

【课后练习】

1. 简述软体家具弹簧的种类。
2. 简述软体家具软垫料的种类。

任务二 沙发结构设计

【学习目标】

>>知识目标

1. 掌握沙发框架结构类型及特性。
2. 掌握沙发软体结构类型及特性。

>>能力目标

1. 能够合理选择使用沙发框架结构。
2. 能够合理选择使用沙发软体结构。

【工作任务】

绘制沙发结构图。

【知识准备】

一、沙发框架结构

对于沙发类软体家具（包括沙发椅、沙发凳等），其丰富的造型，很大程度上取决于框架的结构。框架常用的材料有木材、木质复合材料、金属、塑料等。

沙发的多种造型，取决于沙发内部的结构框架。从传统的加工工艺到现代的加工工艺，沙发结构框架在材料的选择上，一直是以实木（杂木）为主，加工直线形零部件可在圆锯机上制得，而加工弯曲件，则需通过锯制弯曲、方材弯曲等工艺制得，增加了生产制作成本及加工工艺的复杂性。实木结构框架的接合常用榫接合、钉接合、木螺钉接合、螺栓接合和胶接合等形式。

1. 木质框架结构

沙发根据款式和工艺不同，总体上可分为古典沙发和现代沙发两大类。其中古典沙发的造型一般比较复杂，多采用雕刻、镶嵌等装饰手法，大部分采用传统的手工生产方式，生产工艺相当复杂。同时，古典沙发基本上都是实木框架。现代沙发的造型比较简洁，色彩素雅，时代感强，生产工艺相对简单，较易采用规模化生产方式。同时现代沙发框架形式不是单纯的实木结构，而在很大程度上由人造板替代。

（1）实木框架结构

①实木框架的结构要求。实木框架质量好坏是决定沙发使用寿命的重要因素之一（图4-16）。因此对木框架的要求，除了尺寸准确、结构合理之外，对材质也有要求。一般采用含水率在15%以下，无腐朽、握钉力强的硬阔叶材或节子较少的松木。

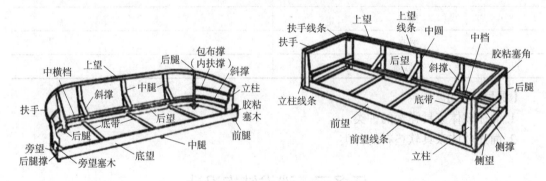

图 4-16 实木框架结构

外露木框架部分：如实木扶手、腿等，要求光洁平整、需加涂饰，接合处应尽量隐蔽，结构与木质家具相同，采用暗榫接合。

被包覆木框架部分：如底座框架、靠背框架等，可稍微粗糙、无须涂饰，接合处不需隐蔽，但结构须牢固、制作简便，可用圆钉、木螺钉、明榫接合，持钉的木框厚度应不小于25mm。

②实木框架的结构类型。木框架的接合常用榫接合、圆钉接合、木螺钉接合、螺栓接合和胶接合等形式。脚是受力集中的地方，它要承受沙发和人体的重量，所以常采用螺栓连接。螺栓规格一般为10mm，常将圆头的一端放在木框外，拧螺母的一端放在框架内侧，并且两端均须放垫圈。为了使接合平稳、牢固，不管是圆脚还是方脚，与框架的接合面都必须加工成平面。脚在安装之前，可预先将露出框架外的部分进行涂饰，涂饰的颜色

要根据准备使用的沙发面料颜色而定，使之相互协调。

座垫框架和靠背框架的连接，因受力较大，一般采用榫接合，并涂胶加固或在框架内侧加钉一块 10~20mm 厚的木板，以增加强度。这部分的接合还可以采用半榫搭接和木螺钉固定。框架板件的厚度一般为 20~30mm，不能太厚，以免增加沙发自重，造成搬动不便，且浪费材料，但也不能小于 20mm，以免影响强度，造成损坏。全包木框架对粗糙度的要求不高，只要刨平即可。

（2）实木与人造板结合的框架结构

在现代沙发制作过程中，沙发的造型越来越丰富。为了适应这种趋势，人造板材料渐渐在沙发框架制作中得到应用（图 4-17）。目前应用比较多的人造板是多层板。

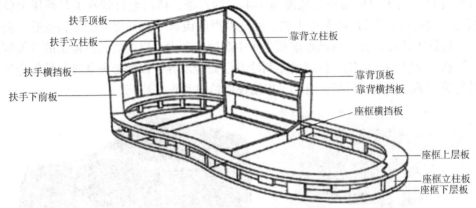

图 4-17　实木与人造板结合的框架结构

2. 金属框架结构

金属框架的沙发，是以金属的管材、板材、线材或型材等为结构材料，同时与人接触部位配以软垫等（图 4-18）。以金属为框架材料，具有强度高、弹性好、富韧性，可进行焊、锻、铸造等加工，可变换不同形状，能营造出沙发曲直结合、刚柔并济、纤巧轻盈、简洁明快的各种造型风格。对于金属框架，其结构可以有固定式、拆装式、折叠式等。金属构件之间或金属构件与非金属构件之间的接合通常采用焊接、铆接、螺纹连接及销接等方法。

图 4-18　金属框架结构

3. 塑料框架结构

塑料框架通常经过模塑成型（图 4-19），塑料以其鲜艳的颜色、新颖的造型、轻便实用的特点，在沙发框架结构中得到淋漓尽致的应用。塑料成型就是将不同形态（粉状、粒状、溶液或分散体）的塑料原料按不同方式制成所需形状的坯体。塑料的成型工艺有很多种，包括注射成型、挤出成型、压延成型、吹塑成型、压制成型、滚塑成型、铸塑成型、搪塑成型、蘸涂成型、流延成型、传递模塑成型、反应注塑成型、手糊成型、缠绕成型、喷射成型，很多种成型工艺已经开始在家具业中运用。

4. 竹（藤）框架结构

用竹（藤）材料做沙发的框架（图4-20），既保持了竹（藤）特有的质感和性能，又克服了易于裂变形的不足，同时还考虑到现实的需求观念。竹子本身就是极好的速生资源，是一种优质的木材代用品，而且在制作过程中不像木制家具那样使用大量富含甲醛的胶黏剂，对人体健康极为有益。竹材的顺纹抗拉强度、抗压强度是樱桃木的2.5倍。其加工方式是先将原竹去皮后切割成宽度为3~4cm的竹条，然后经过特殊工艺高压上胶制成大型板材，全过程要经过30多道工艺。经过处理的板材不会开裂、变形和脱胶。而且具有防湿、防蛀等优点，各种物理性能相当于中高档硬杂木。以此类竹材做出的沙发框架既漂亮、清雅，又实用、耐用。目前的藤制沙发已完全迥异于以前那种老气横秋的造型，有的家具呈典型的欧美西式风格，有的又极富民族特色和东方情调。

图4-19 塑料框架结构

图4-20 竹（藤）框架结构

5. 功能沙发框架结构

功能沙发除了具有普通沙发功能以外，还具有休闲躺椅等功能（图4-21）。其框架结构通常是在普通沙发框架结构的基础上，在沙发底部安装一个能实现功能化的铁架。

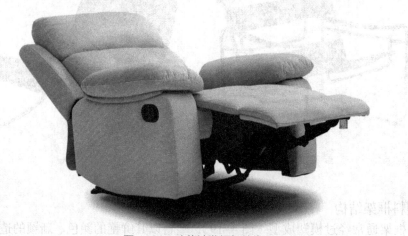
图4-21 功能沙发框架结构

二、沙发软体结构

沙发的软层结构是构成沙发的重要组成部分，同时也是沙发定义的主要依据。

1. 软层结构的厚度分类

（1）薄型软体结构

又称半软体结构，一般采用藤编、绳编、布、皮革、塑料编织、棕绷面等制成，也有采用薄型海绵与面料制作（图4-22）。这些半软体材料有的直接编织在座椅框上，有的缝挂在座椅框上，有的单独编织在木框上后再嵌入座椅框内。

图4-22　薄型软体结构

（2）厚型软体结构

厚型软体结构（图4-23）有两种结构形式，一种是传统的弹簧结构，用弹簧作软体材料，然后在弹簧上包覆棕丝、棉花、泡沫塑料、海绵等，最后再包覆装饰布面。弹簧有盘簧、拉簧、蛇（弓）簧等。另一种为现代沙发结构，也叫软垫结构。整个结构可以分为两部分：一部分是由支架蒙面（或绷带）而成的底胎；另一部分是软垫，由泡沫塑料（或发泡橡胶）与面料构成。

图4-23　厚型软体结构

2. 软层结构的弹性主体材料分类

（1）使用螺旋弹簧的沙发结构

全包沙发的软体结构可分为座、背和扶手三部分，其中座、背均含有螺旋弹簧（图4-24）。螺旋弹簧的下部缝连或钉固于底托上，上部用绷绳绷扎连接并牢牢固定于木架上，使其能弹性变形而又不偏倒。在绑扎好的弹簧上面先覆盖固定头层麻布，再铺垫棕丝，然后覆盖固定两层麻布，再铺垫少量棕丝后

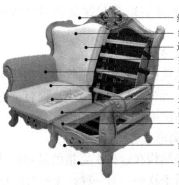

图4-24　螺旋弹簧沙发

包覆泡沫塑料或棉花，最后蒙上表层面料。其中弹簧的作用是提供弹性。棕丝、泡沫塑料、棉花等填料的作用在于将大孔洞的弹簧表面逐步垫衬成平整的座面。加两层麻布有利于绷平，减少填料厚度。普通家具可酌情减免头层麻布上面的材料层次。填料除上述典型的材料外，亦可选用其他种类，如亚麻丝、剑麻丝、椰丝、橡胶、浸渍椰丝、木丝、木棉、西班牙苔藓、马毛、牛毛、猪毛、橡胶浸渍毛、羽绒、鸭毛、鹅毛等，根据产品档次和填料的回弹性能选用，回弹性能好的用于高档软家具。

绷绳织物作底托的绷带都用钉子固定。通常织物都用13mm的鞋钉，钉距约40mm，其他用15mm的鞋钉。

软体部分的高度由绷扎后的弹簧高度和填料厚度构成，填料厚度应小于25mm。弹簧绷扎后的高度根据弹簧软度而定。不过，弹簧绷扎压缩量不得超过弹簧自由高度的25%，为此，应适当选配弹簧高度，以满足这一要求。

（2）使用蛇簧的沙发结构

沙发可以用蛇簧作其软体结构的主体，用作座面与靠背的主要材料。数根蛇簧使用专用的金属支板或用钉子固定于木框上。座簧固定于前望、后望，背簧固定于上、下横档，各行蛇簧用螺旋穿簧连接成整体，中部各行间亦可用金属连接片或拉杆代替螺旋穿簧（图4-25）。

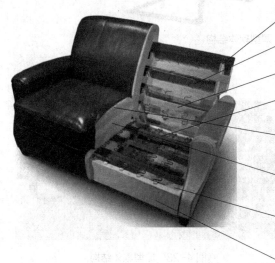

图4-25 蛇形弹簧沙发

蛇簧沙发上、下部的结构与螺旋弹簧沙发相同，即上部有麻布填料和面料，下部设底布。

（3）泡沫塑料软垫结构

泡沫塑料外面包覆面料就可做成软垫直接使用。

以泡沫塑料为主要弹性材料的椅座、椅背，在泡沫塑料下需设底托支承。底托种类同螺旋弹簧结构，上面覆棉花与面料。

3. 活动软垫结构形式分类

沙发的活动软垫结构在这里主要指的是可以活动的座垫及靠垫。有两种结构形式：一种是带弹簧的填充活动软垫；另一种是无弹簧的填充活动软垫。

带弹簧的填充活动软垫,主要采用袋包弹簧为主要弹性材料,外包海绵或其他填料,最后在外面套皮革或布料等面料。

无弹簧的填充活动软垫,其填充材料比较多,有棉花、公仔绵、碎海绵、鸭毛等。另有用多层海绵粘贴而成的。同时也有用乳胶海绵,通过异型加工切割而成的。

【任务实施】
(1)观察图4-26这款沙发,确定其框架结构和软体结构。
(2)绘制图4-26这款沙发结构图。

沙发绘图示例

图4-26 单人沙发

【课后练习】
1. 简述沙发的外部和内部结构包含的内容。
2. 简述沙发的框架结构包含的内容。
3. 简述根据弹性主体材料,沙发的软体结构包含的内容及构成。

任务三 床垫结构设计

【学习目标】
>>知识目标
1. 掌握床垫结构。
2. 掌握床垫各层的类型及特性。
3. 掌握床垫的各层结构特性。
>>能力目标
能合理选择使用床垫结构层。

【工作任务】
材料搜集与记录。

【知识准备】
目前市场上的弹簧床垫一般以采用不同材料搭配而成(图4-27),从上至下即分为:上面料层、上铺垫层、弹簧层、下铺垫层、下面料层,为增加床垫的舒适性,又将面料层独立,将面料、海绵等铺垫料绗缝在一起,成为双层复合面料层。通常床垫为双面可用,因此,一般的弹簧床垫以弹簧芯作为中心层,上下左右对称结构,可以随时翻动床垫,变换床垫与人体接触面,使弹簧不至于长期承受同一方向的压力,以延长床垫寿命。在床垫的构造中,面料层是最上层,是与身体接触的部分,必须是柔软的层;铺垫层是弹簧层之上的海绵层,负责填补身体曲线的空隙,让触感更舒适,铺垫层充当织物面料层与弹簧层之间的桥梁；弹簧层要求受到冲击时，起到柔和的缓冲作用，主要负责的是承受身体的重力，给予适度的支撑力。

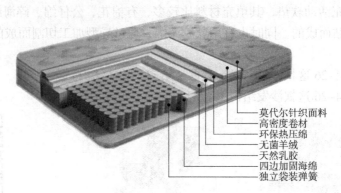

图 4-27　床垫的结构

一、弹簧层

弹簧芯是弹簧软床垫的最主要结构，也是床垫的支撑结构。弹簧芯通常有以下两种结构：弹簧和围边钢。

弹簧是弹簧芯的基本单元，弹簧芯由一根或多根弹簧连接而成。

围边钢即边框钢丝，主要用于将弹簧床垫的周边弹簧包扎连接在一起，用于床垫软边处，起固定和连接弹簧的作用，以使周边挺直、牢固而富有整体弹性。同时起到增强床垫平稳性的目的。所用钢丝一般采用直径为 3.2~3.5mm 的 65 号锰钢或 70 号碳钢。

弹簧层可以合理支撑人体各部位，保证骨骼的自然曲线，贴合人体各种躺卧姿势。根据弹簧形式不同，弹簧层大致可分连接式、袋装独立式、线状直立式、张状整体式及袋装线状整体式等。

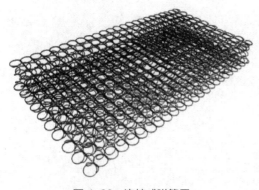

图 4-28　连接式弹簧层

1. 连接式弹簧层

中凹型螺旋弹簧是最常使用的床垫弹簧，大部分床垫都用这种普通弹簧芯制作，连接式弹簧床垫（图 4-28）就是以中凹型螺旋弹簧为主体，两面用螺旋穿簧和围边钢丝将所有个体弹簧串联在一起，成为"受力共同体"，这是弹簧软床垫的传统制作方式。螺旋穿簧俗称穿条弹簧、穿簧，是用钢丝制成的小圆柱形螺旋弹簧，起连接作用，用于将两排弹簧固在一起。螺旋穿簧钢丝直径为 1.3~1.8mm。

这种弹簧芯弹力强劲、垂直支撑性能好、弹性自由度好。由于所有的弹簧是一个串联体系，当床垫的一部分受到外界冲压力后，整个床芯都会动。普通弹簧芯因为工艺成熟，相比之下价格较便宜。

采用连接式弹簧层的床垫可以不使用围边钢，因为这种结构形式的弹簧层，弹簧之间连接紧密，可以不用围边钢来约束，而用胶边海绵来代替。

2. 袋装独立式弹簧层

袋装独立式又称独立筒型弹簧（图 4-29），即将每一个独立个体弹簧做成通行腰鼓型施压之后装填入袋,再用胶连接排列而成。其特点是每个弹簧体个别运作,发挥独立支撑作用,能单独伸缩。袋装弹簧的力学结构避免了蛇形簧的受力缺陷。各个弹簧再以纤维袋或棉袋装起来,而不同列间的弹簧袋再以黏胶互相黏合,因此当两个独立物体同置于床面时,一方转动,另一方不会受到干扰,睡眠者之间翻身不受干扰,营造独立的睡眠空间。长期使用后即使少数几个弹簧性能变差,甚至失去弹性,也不会影响整个床垫弹性的发挥。相比连接式弹簧,独立袋装弹簧的松软度好一些,具备环保、静音、独立支撑、回弹性好、贴和度高等特性,由于弹簧数量多(500个以上),材料费用及人工费用较高,床垫的价格也相应较高。

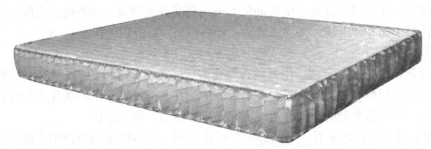

图 4-29 袋装独立式弹簧层

袋装独立弹簧基本都使用围边钢,因为袋装弹簧是用布袋间的黏结来完成弹簧连接,弹簧之间有一定的空隙,如果去掉围边钢,整体弹簧芯容易出现松垮现象,或者影响床芯外形尺寸与整体性。

3. 线装直立式弹簧层

线装直立式弹簧层由一股连绵不断的连续型钢丝弹簧,从头到尾一体成型排列而成。其优点是采取整体无断层式架构弹簧,顺着人体脊骨自然曲线,适当而均匀地承托。此外,此种弹簧结构不易产生弹性疲乏。

4. 线装整体式弹簧层

线状整体式弹簧层(图 4-30)由一股连绵不断的连续型钢丝弹簧,用自动化精密机械根据力学、架构、整体成型、人体工程学原理,将弹簧排列成三角架构,弹簧相互连锁,使所受的重量与压力成金字塔形支撑,平均分散了四周压力,确保弹簧弹力。线装整体式弹簧床垫软硬度适中,可提供舒适睡眠和保护人体脊椎健康。

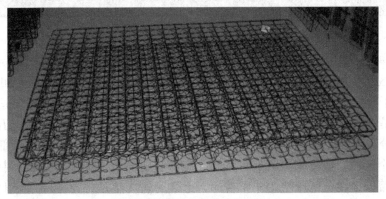

图 4-30 线装整体式弹簧层

5. 袋装线状整体弹簧层

该弹簧芯是将线状整体式弹簧装入无间隔的袖状双层强化纤维套中排列而成。除具线状整体式弹簧床垫的优点外，其弹簧系统是与人体平行方式排列而成，任何床面上的滚动，皆不会影响到旁侧的睡眠者。目前此系统为英国斯林百兰床垫的专利。

6. 开口弹簧层

开口弹簧芯与连接式弹簧芯相似，也需要用螺旋穿簧进行穿簧，两种弹簧芯的结构和工艺制作方法基本相同，最主要的差别就在于开口弹簧芯的弹簧没有打结。

7. 电动弹簧层

电动弹簧芯床垫即在弹簧床垫底部配上可调整的弹簧网架，加装电动机使床垫可随意调整，无论是小憩、看电视、阅读或睡觉，皆可调整到最舒适的位置。

8. 双层弹簧层

双层弹簧层是指以上下两层串好的弹簧作为床芯（图4-31）。上层弹簧在承托人体重量的同时得到下层弹簧的有效支撑，具有极好的弹性，能提供双倍的承托力和舒适度，分摊人体重量。对人体重量的受力平衡性更好，弹簧使用寿命也更长。

就弹簧自身的排列来看，可以形成平行排列和蜂窝结构排列两种构造模式。平行排列专为那些喜欢柔和而硬实的支撑，偏好奢华舒适的人群而设计。弹簧圈成列平行排布，提高床垫回弹性，更加顺应身体轮廓。蜂窝排列弹簧按蜂窝结构紧密装填排布，减少弹簧圈之间的间隙，增加弹簧圈的数量。这种设计可以增加床垫强度，为整个脊椎提供绝佳支撑。

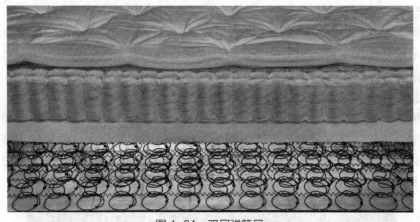

图4-31 双层弹簧层

在分区弹簧床垫中，分区弹簧层大多数采用的是袋装独立式弹簧层（图4-32）。现在市场上的分区弹簧层分得越来越细，有三区、五区、七区，甚至有九区。可以说分得越多，越有利于与人体各部位的尺度及生物力学特性相匹配，越有利于获得舒适的睡眠。三区弹簧床垫是将弹簧层分为三个区域：头部、脚部和以臀部为中心的区域。五区弹簧床垫是将弹簧层分为五个区域，即细分人体的上身部分的体重，分成头部、肩背部、腰部、臀部和腿部五个区域，或将床垫头部与脚部、肩部与腿部对称，和以臀部为中心的五个区域，五区弹簧床垫在分区床垫中非常普遍。七区弹簧床垫是将弹簧层划分七个区域：头部、肩背部、腰部、臀部、大腿、小腿和脚部。臀部最重，因此弹性最大且最软，腰部、腿部次之，弹性较高且较软，而头部、脚部则采用较硬的材质，弹性最小，这样身体每个部位都能得到有力支撑而获得健康舒适的睡眠，从而解决了身体局部受压的问题，使人体不同重量的各个部分都由此能够得到最科学的呵护，脊柱始终与床平行。弹簧的软硬度主要取决于线径、中径、圈数、高度等因素，弹簧层通过改变单个弹簧的工艺参数改变弹簧的软硬度、弹簧间的排列和弹簧间的结合方式来改变床垫各区的软硬度。

图 4-32　分区弹簧层

通常，男性的体重要高于女性的体重，对床垫的缓冲力要求较高，在某种意义上说，夫妻之间对床垫的要求是不同的。每个人都有合适自己的床垫，在同一个床垫中，夫妻分别选择适合自己的弹簧芯拼成一个双人弹簧芯，再经过添加面料层和复合面料组合成一款能够让夫妻双方都可能获得自己满足的睡眠品质的床垫。

二、铺垫层

铺垫层是介于面料层和弹簧层之间的衬垫材料，主要由耐磨纤维层和平衡层组成。常用的耐磨纤维层有棕纤维垫、化纤（棉）毡、椰丝垫等各种毡垫。常用的平衡层有泡沫塑料、塑料网隔离层、海绵和麻毡（布）等。铺垫料应无有害生物，不允许夹杂泥沙及金属杂物，无腐朽霉变，不能使用土制毛毡，无异味。

1. 常见海绵层

海绵按形状分为：平海绵，可以是单张的，也可以是整卷的，单张海绵主要作为床芯的填充料；异型海绵，用得最多的是蛋形海绵，具有按摩作用；不同区段的波段海绵。

2. 特殊海绵层

高弹海绵：使床垫回弹力更强，抗疲劳性优越，床垫更柔软、更舒适。

乳胶海绵：由无数的袖珍钉模所组成。一次发泡成型，无需连接或裁切。这独特的构造不仅减低身体与胶泡的接触，更促进空气流动，增加睡眠舒适。

记忆海绵：能根据人体对床垫的压力自动调节承托力，并延时释放回弹力，持续有效地将人体重量均匀分散，以达到最佳承托力，保证人体的每一个部位都有相适应的受力面积（图 4-33）。

3D 材料：又称 3D 网布（图 4-34），指高弹高密三维立体中空结构，上下网孔六面透气中间采用功能性聚酯纤维材料。

图 4-33　记忆海绵

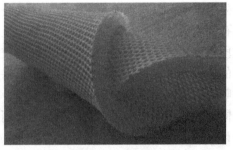

图 4-34　3D 材料

活性呼吸海绵：采用纳米改性竹炭技术制成的海绵，具有解毒杀菌、调湿调温、清新空气、保健等功能，使床垫更环保、更健康。

3. 棕丝垫

由棕丝制成，棕丝有两种，一种是棕榈的外皮层，也称棕骨丝；另一种是椰子壳纤维，也称椰丝。棕丝垫以棕丝和天然胶为主要原料，无任何化纤和其他有害成分，无毒无害，为天然绿色环保制品。

4. 塑料网

塑料网隔离层能均匀分散床垫所受的压力，使睡眠者不会感觉弹簧的存在。泡沫塑料应达到《通用软质聚醚型聚氨酯泡沫塑料》（GB/T 10802—2006）的有关要求。

铺垫层可以由单层材料构成，也可以由多层材料组合而成。如单层结构为一层海绵或一层毛毡等；两层结构为两层海绵或一层海绵+一层毛毡或一层椰丝垫+一层毛毡等；多层结构一般为三层以上，如三层海棉、三层海绵+一层毛毡等等。现市场上各床垫厂家为增加舒适度，在铺垫层的层数上下工夫，有的床垫中已有增加到十几层的。

乳胶是一种常用的铺垫层材料，从历史上的最初弹性乳胶到最新的 MEMO 乳胶，有着极大的和根本上的区别。弹性乳胶又分单区、三区、五区、七区乳胶床垫（图 4-35）。以常见的七区床垫为例，主要分为头颈区、肩背区、腰椎区、骨盆区、膝盖区、小腿区和脚踝区七个部分。头颈区为人的头颈部提供合适程度的稳定，以帮助预防颈椎的肌肉疲劳和疼痛。肩背区为人侧睡时提供更强的弹性，使整个肩部和后背部都感到柔软和舒适感。腰椎区具有最稳固的特性，对后腰的舒适性非常重要，因此这个区域要给后背的自然曲线提供支撑，防止脊椎下垂，缓解腰部肌肉紧张及疼痛。硬的床垫会使人的臀部压在床垫表面上，使脊椎下部处于一个不舒服的位置，因此更柔软更有弹性的骨盆区能使臀部贴合床垫，使人在睡眠时提供更强的床垫弹性及舒适性。膝盖区有腰椎区一样的稳固性，需要给膝盖提供合适的支撑。小腿区为小腿提供柔软的支撑，当弯曲膝盖时能给脚部提供舒适和压力缓解。脚踝区需要一定的稳固性，能给脚部提供舒适感。

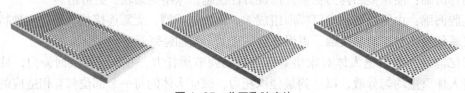

图 4-35　分区乳胶床垫

目前七区乳胶层为最流行的一种，单区、三区、五区因发泡制造工艺简单，因而价格较为便宜。七区乳胶床垫（图 4-36）是指按人体工程学原理将 2m 长的床垫分为 7 个区段，在外表上也可以辨别出来。一种七区乳胶层不同区域的排气孔大小是不同的，每一区的透气孔都有独特的形状加以区别，用手按压能感觉出七个区段的软硬程度是不同的，即七个区段密度压力是不一样的。一种七区乳胶床垫不同区域的表面形状是不同的，针对特定部位的波浪设计，每个区段的波浪大小不一样，使每个区段的软硬程度不同，能使床垫更好的贴合身体，提供更加精准的对应支撑，增加床垫与身体的接触面积，合理分散身体重量。同理，每个区域采用不同的花型进行划分，使床垫的每个部分的软硬度不同，达到分区设计，使床垫更好的满足消费者的需求。

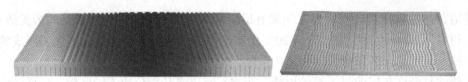

图 4-36 七区乳胶床垫

三、面料层

面料层即复合面料层，是床垫表面的纺织面料与泡沫塑料、絮用纤维、无纺布等材料绗缝在一起的复合体（图4-37）。位于床垫表层，直接与人体接触，起到保护和美观的作用，也能够分散承受身体重量产生的力，增加床垫的整体性，有效防止对身体任何部位造成过大压力。

面料层是由三种结构缝合而成，最上层接触人体的表面材料为面料；中间层为海绵或者乳胶等弹性材料，以增加柔软度和舒适性，一些高档床垫还会使用羊毛、马毛或纳米竹炭等材料；最下层为衬布，通常是无纺布。

面料是包在床垫外面的织物，是面料层表面的材料。除了使用功能外，还起装饰、保护和美化床垫的作用。

图 4-37 床垫面料

床垫的面料以全棉和涤纶为主，高档床垫采用织锦棉作为面料，也有用有光针织面料。一些高档织布，除了更结实、卫生外，表面还经抗菌处理，有的床垫面料还经防尘防螨生化特别处理，能减少过敏反应，以帮助最大程度降低气喘、湿疹和鼻炎的危险，使睡眠者既舒适更健康。

面料主要分为全棉面料、提花面料、真丝面料、针织面料、印花面料。印花布为所用的不是染料而是涂料，布在之前有可能染上色了，然后又在布的外层涂上涂料，造成多色效果。用经线、纬线错综地在织物上织出凸起的图案称为提花。用提花工艺织成的布料，称为提花布。提花布厚重、结实、花色别致、立体感强。针织即是利用织针将纱线弯曲成圈并相互串套而形成的织物。针织布，轻柔透气，质感舒适，独特的花型设计，精良的绗缝工艺，展现优雅风尚。

面料层中使用的海绵有：弹力棉、蛋形海绵、中软及超软海绵、羊毛棉、七孔棉、长绒棉等，普通海绵、弹力棉和蛋型海绵最常见。通常面料层里采用整卷海绵，不需要拼接，提高工作效率，同时减少胶水使用量，避免有害物质如甲醛的释放，确保产品的环保。

衬布是指衬在面料内起衬托作用的材料。合理使用衬布可以使所做的床垫丰满、挺括、舒适,并使软覆材料与面料之间能有机结合。用于床垫上的衬布常见的为无纺布衬。无纺布衬是用80%的黏胶短纤维与20%的涤纶短纤维和丙烯酸酯黏合剂加工制成的。因不用纺纱,只用黏合剂黏合,故称无纺布衬,又称高弹性喷胶棉。

床垫的复合面料层通过绗缝的形状、花型不同也将其划分成不同区域,这样既能增加床垫的美观,也可以起到提示的作用。

四、围边及其他

主要指床垫的周边部分,包括弹簧芯围边、护角和胶边海绵。

围边是床垫两侧最外层的复合面料,与面料层通过包缝机滚边后连接形成床垫的表面材料。床垫围边可以根据需要设计通气孔和拉手。通气孔主要是为了保证床垫的透气性使空气自然循环,不产生热量。而且空气自由通过可使床具中存有新鲜的空气。

护角是为了增加床垫四个边角的承受力,防止床垫在长期使用过程中边角处塌陷变形,固定在弹簧芯四角的结构通常采用海绵材料。

胶边海绵是与弹簧芯侧边胶合,用于加固弹簧芯两侧的海绵,同时增加了床垫的整体性和床垫侧边舒适性,有些弹簧软床垫的弹簧芯不用围边钢加固时,胶边海绵也起到围边钢的加固作用。

【任务实施】
(1)搜集弹簧层、铺垫层和面料层的材料各3种。
(2)在表4-2中记录各材料的特点及其应用。

表4-2 结构特性记录表

床垫结构	种类	主要特点及应用
弹簧层		
铺垫层		
面料层		

【课后练习】
1. 简述床垫的结构形式。
2. 简述床垫弹簧层的类型。

项目二　金属家具结构设计

金属家具是完全由金属材料制作或以金属管材、板材或线材等作为主架构，辅以木材、人造板、玻璃、塑料、石材等制作而成的家具。由于金属材料的特性，金属家具结构与木质家具结构有较大区别。金属家具适宜于采用固定、拆装、折叠、插接等结构形式，零部件连接可使用焊接、铆接、螺纹连接、咬缝连接等多种方式。

任务一　认识金属家具的类型和主要材料

【学习目标】
>>知识目标
1. 掌握金属家具的概念。
2. 掌握金属家具的类型。
3. 掌握金属家具的特点。
4. 熟悉金属家具的材料。

>>能力目标
1. 能正确区分金属家具的类型。
2. 能正确识别金属家具的主要材料。

【工作任务】
材料的分析与记录。

【知识准备】

一、金属家具的形成和发展

19世纪以来，工业革命改变了人们的生活方式，人们希望用金属制作酒壶、咖啡器具以外的产品，包括家具。第一次世界大战后，交战国的建筑物大多毁于战火，而木材作为国家建设和民用建筑重要物资极为短缺，相反，钢材却成了剩余物资，人们重建家园急需家具，就开始想到利用钢材来制造一些轻巧的家具。

1925年来自德国包豪斯工艺学校的天才设计师布劳耶，受到自行车的启发，设计了用一根钢管弯曲而成的、连续的悬臂式扶手椅，并经过镀镍而制成了世界上第一把钢管椅，这就是被作为现代家具的典型代表，开创了金属家具制作之先河的"瓦西里椅子"（图4-38）。

从此，世界各地相继而起生产金属家具。金属家具在这样的材料供应条件和供求关系中应运而生。

随着科技及生产力的不断发展，金属材料的质量、加工手段、表面涂饰技术等均有了大幅度的提高，金属材料以其独特的性质及美感成为现代家具制造中不可或缺的重要材料。

图 4-38　瓦西里椅子

由于产品设计不断创新，在金属家具的生产形式上也发生了很大的变化。由原来的单件产品设计，发展到根据不同需要和功能要求，设计出比较完整的成套金属家具产品（图4-39）。

图 4-39　成套金属家具

在材料和结构类型等方面，由单纯的钢材，发展到以铝合金为主的轻金属等多种材料，由原来的钢家具、钢木家具，发展到以金属材料为主，与藤、竹、塑料等材料结合的各种类型的金属家具、钢木家具。

在生产工艺上，采用了储能焊、凸焊、静电喷漆、静电喷粉、电喷涂漆和远红外线干燥等现代化的先进工艺，并研制了一批专用设备和专业生产线。

我国 20 世纪 50 年代后期才开始生产金属家具，20 世纪 60 年代以后才形成独立的生产行业。进入 21 世纪后，金属家具行业发展迅猛，目前，金属家具成为我国家具主要产品（木质、金属、软体）之一。

二、金属家具的概念和类型

金属家具是完全由金属材料制作或以金属管材、板材或线材等作为主架构，辅以木材、人造板、玻璃、塑料、石材等制作而成的家具。

金属家具多以金属材料为主要构件，金属构件由一个或多个具有特定用途和结构的零件组成。

金属构件是零、部件的组合体，也叫组件。其结构形状、尺寸大小、材料的选择和加工方法，主要根据金属家具的使用要求，按强度、刚度、稳定性和其他性能准则确定。

金属家具的主要构成部件大都采用厚度为1~1.2mm的优质薄壁碳素钢不锈钢管或铝金属管等制作，强度高、弹性好、韧性好。薄板、薄壁管材可进行焊、锻、铸等加工，可任意弯曲或一次成型，营造方、圆、尖、扁等曲直结合、刚柔相济、纤巧轻盈、简洁明快的各种造型风格。

1. 按构件所用材料分类

金属家具按其构件所用材料的不同可分为：全金属结构家具、金属与木质材料结合的家具、金属与其他材料结合的家具三大类。

（1）全金属结构家具

除了作为装饰性和非主要结构的少部分构件外，其他所有构件都用金属材料制造的家具，称为全金属结构家具（图4-40）。

例如：办公用金属薄板写字台、文件柜、档案箱、卡片柜、保险箱及生活用的单人床、双人床、轻便钢丝床、钢折椅凳。

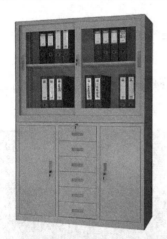

图4-40　全金属结构家具

（2）金属与木质材料结合的家具

除了以金属材料为主要构件外，与木质材料适当结合制成的家具，也称为钢木家具（图4-41）。

例如：金属与木结合的衣柜、酒柜、折椅、折桌等。其特点以金属管材或型材为骨架，装嵌木质材料而制成。

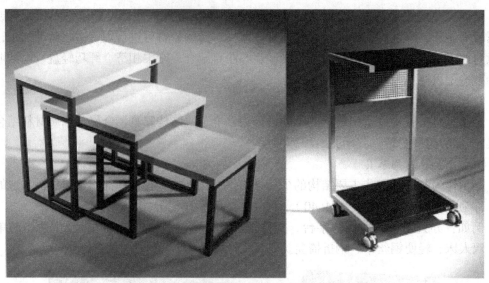

图 4-41　金属与木质材料结气的家具

（3）金属与其他材料结合的家具

金属与玻璃、塑料、织物、藤竹等其他非金属材料结合制造的家具（图 4-42）。如钢藤折椅、钢塑折椅以及钢竹橱柜等。

（a）金属与塑料　　　　　　　　　　　（b）金属与织物

（c）金属与玻璃　　　　　　　　　　　（d）金属与藤

图 4-42　金属与其他材料结合的家具

2. 按组成构件分类

金属家具按组成构件的形态可分为：板类金属家具（图 4-43）、框架类金属家具（图 4-44）。

图 4-43 板类金属家具

图 4-44 框架类金属家具

金属家具的材料强度高，承重能力强，机械加工性好，有利于机械化生产，便于实现拆装结构。但造型较为简单，质感较差，易腐蚀，使用寿命一般不长，大都属于中低档家具。

三、金属家具材料

金属材料包括金属和以金属为主的合金。金属及其合金数目繁多，为了便于使用，工业上常把金属材料分为黑色金属和有色金属两大类。

黑色金属是指以铁（还包括铬和锰）为主要成分的铁及铁合金，在实际生活中主要用铁碳合金，即铁和钢。有色金属是指除黑色金属以外的其他金属及其合金，如铝、铜、铅、锌等金属及其合金，也称作非铁金属。

1. 铸铁

铸铁是指冶炼出来含碳量超过 2% 的生铁。可用于家具的支架或零件，如礼堂、剧院座椅的支架等（图 4-45）。

图 4-45 铸铁家具

2. 钢材

是指以铁为主要元素，含碳量在 0.02%~2.11% 的铁碳合金。

家具常用的钢材有碳钢和普通低合金结构钢。碳钢也叫碳素钢，按照碳钢中的磷硫含量可将碳钢分为普通碳素钢（磷硫含量较高）和优质碳素钢（磷硫含量较低）。

普通碳素钢适合用于冷加工和焊接，而且价格便宜，故大量用于钢家具制造。优质碳素钢由于磷硫含量较低，可保证化学成分和机械性能。在使用时一般还需经过热处理，以提高其机械性能。优质碳素结构钢的型材有：圆钢、方钢、六角钢、扁钢、钢板、钢丝、角钢及无缝钢管等。

普通低合金结构钢与普通碳素钢相比，普通低合金结构钢强度较高，而且有的还具有耐腐蚀、耐高温、耐低温等特性，但价格也较贵，可用于家具中的重要结构（图4-46）。

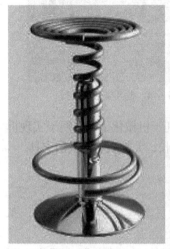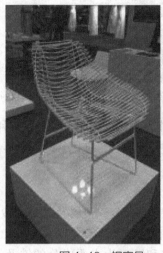

图4-46 钢家具

金属家具常用一些冷轧薄钢板或不锈钢板冲压或弯折各种零件，钢板厚度大都0.8~3mm，不锈钢板的幅面一般为2440mm×1220mm，冷轧钢板则有多种幅面尺寸。这类材料加工方便、设备简单，在技术上及经济上都有较高的优越性。

金属家具制造中还常用到高频焊管。其强度高、弹性好、易于弯曲、利于造型，也便于与其他材料连接，表面处理一般为电镀和涂饰。常用于制造金属家具的支撑构架。有圆管、方管、矩形管、菱形管、扇形管等异形管材（图4-47）。

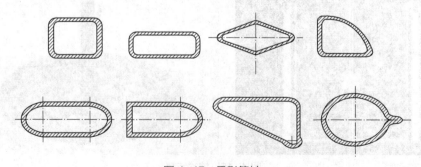

图4-47 异形管材

3. 铝及铝合金

铝属于有色金属中的轻金属，密度约为2.7mg/cm³。在铝中加入铜、镁、硅、锰、锌等合金元素形成各种类别的铝合金。铝合金是制造轻型金属的优良材料。由于它具有重量轻、强度较高、塑胜好、优良的抗腐能力及氧化着色性等特性，目前国内外已经广泛用于制造室内结构材料、装饰材料、家具、灯具和其他生活用品。

铝合金制造的家具具有轻巧牢固、耐腐蚀等特点。家具常用的铝材有：型材（制作金属边框的门）、装饰嵌条、家具脚、镶边条等（图4-48）。

图4-48 铝合金家具

4. 铜及铜合金

铜是一种容易精炼的材料，铜的密度为 $8.92mg/cm^3$。在铜中加入锌、锡等元素形成铜合金。铜及铜合金按合金化学系统分为纯铜、黄铜（铜锌合金）、青铜（铜锡合金）和白铜。

家具制造中常用的是黄铜。家具中所用的黄铜主要有拉制黄铜管和铸造黄铜，主要用于制造铜家具的骨架及装饰件。而家具所用的黄铜拉手、合页等五金配件，一般采用黄铜棒、黄铜板加工而成（图4-49）。

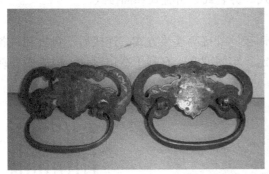 

图4-49 铜拉手

金属家具材料的机械性能大大优于木材等其他材料，因此可以采用薄壁管材、或薄板材做结构材料，因而金属家具大都显得轻巧。表面具有金属所特有的色彩和光泽。具有良好的延展性，易于加工成型。除少数贵重金属外，易于氧化生锈，产生腐蚀。加工技术较为成熟，具有实现机械化、自动化加工的有利条件。具有良好的导电导热性能。

【任务实施】

（1）搜集常用金属材料5种。

（2）分析这5种金属材料的特点及应用，记录下来并形成报告。

【课后练习】
1. 简述金属家具的概念。
2. 简述金属家具的类型。
3. 简述金属家具的材料种类。
4. 简述金属家具的特点。

任务二　金属家具的结构和连接形式

【学习目标】
>> 知识目标
1. 掌握金属家具的结构形式及特点。
2. 掌握金属家具零部件连接方式。
>> 能力目标
1. 能正确区分金属家具采用的结构形式。
2. 能正确识别金属家具零部件的连接方式。

【工作任务】
金属家具结构的观察与记录。

【知识准备】

一、金属家具的结构类型

结构形式取决于造型、使用功能、所采用的材料特点和加工工艺的可能性。按结构的不同特点，金属家具的结构可分为：固定式、拆装式、折叠式和插接式。

1. 固定式

指产品零部件之间均采用焊接、固定铆接、咬接等连接方式，连接后不可拆卸，各零部件间也没有相对运动。这种结构形态稳定、牢固度好、有利于造型设计，但表面处理较困难，占用空间大，不便运输（图4-50）。

图4-50　固定式

2. 拆装式

指将产品分成几大部件,用螺栓、螺钉及其他可拆件连接起来(图 4-51)。要求拆装方便稳妥,讲究紧固件的精度、强度、刚度,并要加防松装置等。拆装式有利于设计多用的组合家具。

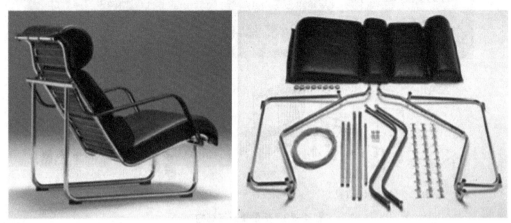

图 4-51 拆装式

3. 折叠式

又分为折动式与叠积式家具,常用于桌、椅类。

(1)折动式家具

折动结构是利用平面连杆机构原理,应用两条或多条折动连接线,在每条折动线上设置不同距离、不同数量的折动点,同时,必须使各个折动点之间的距离总和与这条线的长度相等,这样才能折得动,合得拢,其主要形式如图 4-52 所示。

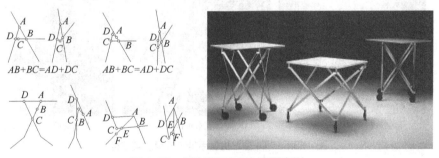

图 4-52 折动点示意图与家具实例

随着家具产品的日益更新,新的折叠结构及折叠方式被应用于家具设计中。阿尔弗雷多·沃尔特·哈伯利设计的"S1080"折叠桌和 Ron Arad 设计的"T4 型"折叠手推车式桌就采用了新的折叠方式(图 4-53、图 4-54)。

(2)叠积式家具

叠积式家具不仅节省占地面积,还方便搬运。越合理的叠积(层叠)式家具,叠积的件数也越多(图 4-55)。

叠积式家具有柜类、桌台类、床类和椅类,但最常见的是椅类。叠积结构并不特殊,主要在脚架与背板空间中的位置上来考虑。

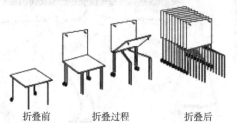

折叠前　　折叠过程　　折叠后

图 4-53　折叠桌及其结构

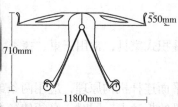

折叠前　　　　　　　　折叠过程　　　　　　　　折叠后

图 4-54　"T4 型"折叠手推车式桌及其结构

图 4-55　叠积式家具

4. 插接式

又名套接式，是利用产品的构件之一的管子作为插接件，将小管的外径插入大管的内径之中，从而使之连接起来，亦可采用压铸的铝合金插接头，如二通、三通、四通等（图4-56）。

二、金属家具零部件的连接方式

金属家具的金属件与木质材料及塑料件之间大都采用螺栓或螺钉、铆接等方式进行连接；金属与玻璃之间往往采用胶接和嵌接。而金属零件之间的连接方式则较多，各种连接方式都有各自的特点，在结构设计时应根据造型及功能要求、材料特性、加工工艺来进行选择。

图4-56 插接式

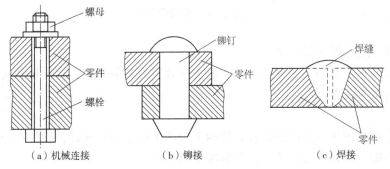

图4-57 常见金属家具零部件连接方式

1. 焊接

利用专门设备，通过加热或加压让金属熔化，使分离的两部分金属件连为一体的工艺称为焊接。

金属家具常用的焊接方式主要有气焊、电弧焊、CO_2气体保护焊、电阻焊、储能焊接和高频焊接等。

气焊：利用可燃气体燃烧时放出的热量来焊接金属的一种气体火焰加工方法。

电弧焊：也叫电焊，是利用电弧所产生的热量来熔化被焊金属一种焊接方法。

二氧化碳气体保护焊：是以二氧化碳气体为保护介质的电弧焊方法，它是用焊丝做电极，以自动或半自动方式进行焊接。

电阻焊：是借强电流通过两个被焊零件的接触处所产生的电阻热，将该处金属迅速加热到塑性状态或熔化状态，并在压力下形成接头的焊接方法（图4-58）。

按接头形式分为点焊、凸焊、缝焊、对焊。

点焊：被焊零件的接触面之间形成许多单独的焊点，而将两零件连接在一起的焊接方法。

凸焊：是点焊的一种，它利用零件原有型面、倒角、底面或预制的凸点，焊接到一块面积较大的零件上。

缝焊：是指工件在两个旋转的盘状电极（滚盘）间通过，形成一条焊点前后搭接的连续焊缝。

对焊：是指将焊件分别置于两夹紧装置之间，使其端面对准，在接触处通电加热进行焊接的方法。

储能焊接：利用储能式电阻焊机，将小功率的电能存储起来，焊接时瞬时放电，形成

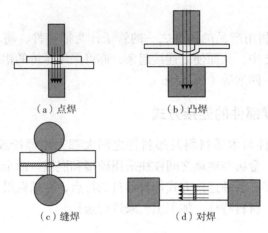

图 4-58　电阻焊形式

强大的电流脉冲进行焊接的方法。

高频焊接：它是利用高频电流所产生的集肤效应和相邻效应，将钢板和其他金属材料对接起来的新型焊接工艺。

2. 铆接

将铆钉穿过被铆接件上的预制孔，使两个或两个以上的被铆接件连接在一起，如此构成的不可拆连接，称为铆钉连接，简称铆接（图 4-59）。

铆接方法根据不同的分类方式有热铆、冷铆和混合铆，以及手工铆和机械铆等多种形式。具体的连接方式则有固定铆接（图 4-60）和活动铆接（图 4-61）。折叠家具常采用活动铆接，铝合金零件、铸件以及金属零件与木质零件常采用固定铆接。

图 4-59　铆接形式

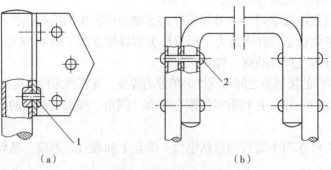

图 4-60　固定铆接结构

（a）钢管与配件铆接；（b）钢管与钢管铆接
1.抽芯铆钉；2.实芯铆钉

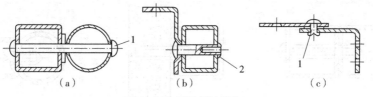

图 4-61 活动铆接结构

(a) 钢管与钢管铆接；(b) 钢管与配件铆接；(c) 配件与配件铆接
1. 抽芯铆钉；2. 实芯铆钉

铆钉是铆接结构中最基本的连接件，由圆柱杆、铆钉头和墩头组成。

在金属铆接结构中，常见的铆钉形式有半圆头铆钉、平锥头铆钉、沉头铆钉、半沉头铆钉、平头铆钉、扁圆头铆钉、空心铆钉和抽芯铆钉等（图 4-62）。

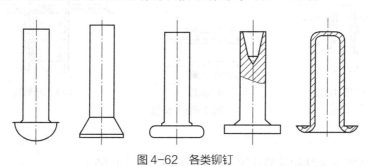

图 4-62 各类铆钉

3. 螺栓与螺钉连接

金属家具某些部件之间装配后又可以拆装的结构，称为可拆连接。螺栓或螺钉是可拆连接的一种，具有安装容易、拆卸方便的特点，同时便于零件电镀等表面处理。

根据连接件不同，螺纹连接有螺钉连接和螺栓连接等形式（图 4-63）。螺钉连接中又有机制螺钉连接、自攻螺钉连接（图 4-64）、木螺钉连接。

一般钢质件大都用机制螺钉，铝合金件常用自攻螺钉，而木螺钉则用于金属件与木质零件的连接。

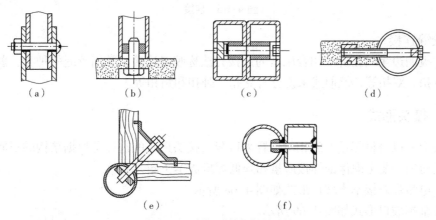

图 4-63 螺钉连接与螺栓连接

(a) 半圆头螺钉、螺母连接；(b) 螺栓、螺母片连接；(c) 圆柱头内六角螺钉、螺母芯连接；
(d) 平头内六角螺钉、圆柱螺母连接；(e) 双头螺柱、螺母片连接；(f) 沉头螺钉、铆螺母连接

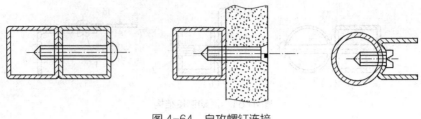

图 4-64 自攻螺钉连接

4. 插接

插接主要用于插接式家具两个零件之间的滑配合或紧配合（图 4-65）。

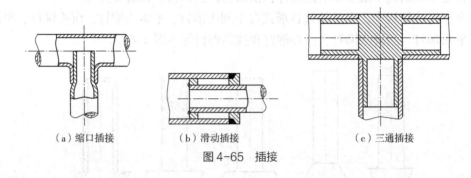

（a）缩口插接　　　　（b）滑动插接　　　　（c）三通插接

图 4-65 插接

5. 挂接

主要用于悬挂式家具和拆装式家具的挂钩连接（图 4-66）。

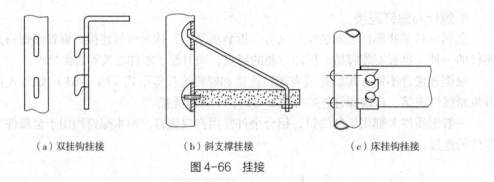

（a）双挂钩挂接　　　　（b）斜支撑挂接　　　　（c）床挂钩挂接

图 4-66 挂接

6. 咬缝连接

将薄板的边缘相互折转扣合压紧的连接方法称咬缝连接。常用咬缝的种类，就结构来说分有单扣、双扣等，就形式来说分有立扣、卧扣和角扣等。

三、接头形式

接头形式以母材焊接处的相对位置来区分。接头形式的选择是根据结构的形状和焊接生产工艺而定，要考虑保证焊接质量和降低焊接成本（图 4-67）。

手工电弧焊对接基本坡口形式如图 4-68 所示。

角接基本坡口形式如图 4-69 所示。

T 型接基本坡口形式如图 4-70 所示。

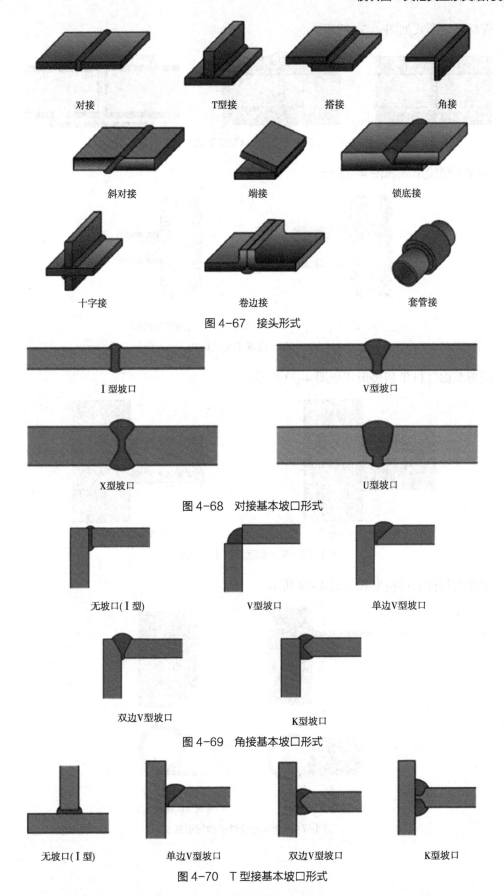

图 4-67 接头形式

图 4-68 对接基本坡口形式

图 4-69 角接基本坡口形式

图 4-70 T 型接基本坡口形式

管材对接形式如图 4-71 所示。

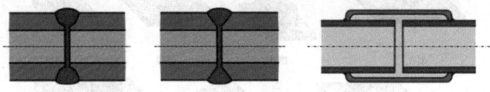

图 4-71 管材对接形式

圆管 T 型接形式如图 4-72 所示。

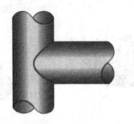 

等径管T型焊　　　　　　　　不等径管T型焊

图 4-72 圆管 T 型接形式

矩形截面管材 T 型接形式如图 4-73 所示。

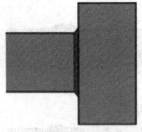 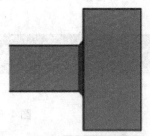

等宽矩形管T型接　　　　　　不等宽矩形管T型接

图 4-73 矩形截面管材 T 型接形式

管件与板件的焊接形式如图 4-74 所示。

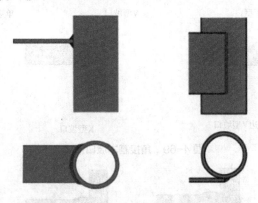

平板与圆管T型接　　　　　　平板与圆管的端接

图 4-74 管件与板件的焊接形式

【任务实施】

(1) 搜集4种结构的金属家具各1件。

(2) 观察零部件间的不同连接方式,记录下来并形成报告。

【课后练习】

1. 简述金属家具的四种结构类型及特点。

2. 简述金属家具零部件连接方式。

3. 简述金属家具常用的焊接方式。

4. 简述螺栓螺钉连接形式。

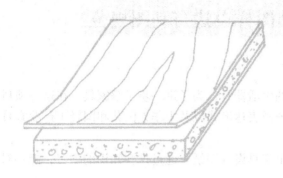

模块五
家具结构制图规范与图样表达

项目一　家具产品图样表达与制图规范
项目二　家具结构制图实践

项目一　家具产品图样表达与制图规范

家具是日常工作生活中接触频率最高的生活器具，为了进一步了解家具，在这一项目中，将介绍家具产品的设计流程、常用的图样表达形式以及中华人民共和国轻工行业家具制图标准中的主要内容。

并能运用 AUTOCAD 软件规范地绘制出家具设计图纸。通过这些知识的学习，能够对市场上主流家具产品进行较为全面的分析。

任务一　认识家具产品设计流程与图样表达

【学习目标】

>>知识目标

1. 了解家具产品设计流程。
2. 熟悉家具设计中所采用的各类图纸。

>>能力目标

1. 能够正确理解各类图纸的作用与特点。
2. 能够在家具设计的不同阶段，合理使用不同的图纸来表达设计意图。

【工作任务】

以小组为单位，自行选择市场上常见家具一件，在教师的指导下对其进行较为全面的分析。

【知识准备】

一、家具产品设计流程

在学习家具设计制图前，要了解什么是家具。家具是工业产品的一种，它必须具备批量生产的可复制性，即使是工业化定制家具，也是建立在完善的产品标准体系的基础上，所以全面、规范、标准的图纸是家具设计制造中必不可少的。

如果从工业设计的角度看待家具设计，其最为重要的两个属性是产品性和商品性。所谓产品性，是指家具要能以合理的成本生产出来，而商品性则是家具要能够实现市场目标。以上两种属性通俗的说，就是"做得出来，卖得出去"。为实现这一目标，家具产品在设计研发中，通常按照以下四个环节来展开（图5-1）。

前期调研与分析分为企业内部调研与分析、市场调研与分析两部分。通过企业内部调研获取设计所需的企业产品、技术、工艺、材料等相关信息，同时开展市场调研，收集案例及相关市场信息进行研究，这样有助于把握家具产品研发的定位。

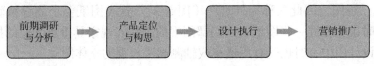

图 5-1 家具产品设计研发流程

产品定位与构思阶段,通常是由一个设计团队来完成的,针对目标市场的新产品,提供若干个可供选择的设计概念方案,并可以据此进行深化设计。

设计执行阶段是家具产品研发的核心阶段,通过对前期设计概念的转化,形成一系列的图纸和工艺文件,并通过新产品试制、评价,再进行图纸的修改,直至定稿,可用于批量生产与销售。

营销推广阶段是产品设计研发工作的延续,也是实现企业经济效益至关重要的环节。除了产品本身以外,还需要一整套的市场推广方案与之相配套。只有通过售前、售中、售后的完善服务,才能实现产品的销售并有效提升企业形象,从而进一步保持或扩大市场份额。

二、家具设计图样表达

家具设计不是一蹴而就的,而是通过对图纸、模型或样品不断推敲、反复修改完善的过程。在家具设计的每一个阶段,所面临的任务是不一样的,相应的,图纸所表达的内容与表现方法也不相同。在家具设计中,常用到设计草图、设计图、装配图、零部件图等。

1. 家具设计草图

设计草图是为了表达设计者的设计意图,一般是设计人员徒手勾画的图样(图 5-2),表现形式较为随意,有时仅是几根线条、几个符号等,主要用于设计构思过程中对思考或创意灵感的快速记录,并用以阐释设计概念,初步拟定设计方案。

根据设计人员不同的表达意图,草图可分为立体图、平面视图、局部结构图等。设计草图大多是徒手绘制的,但主要的外观尺寸、功能尺寸,以及一些特殊尺寸需要标注出来,以便为深化设计提供参考。

设计草图既可以是立体图,也可以是平面图,或是两者兼有。但无论何种形式,都需具备相当的数量,以便比较和选择,这样才能筛选出较为满意的方案,进行更为深入的设计。

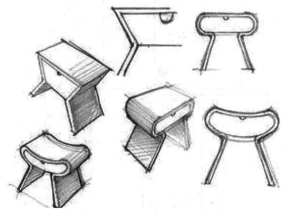

图 5-2 家具设计草图

2. 家具设计图

家具设计图是根据设计草图确定的方案绘制的正式图纸(图 5-3)。这类图纸主要是指家具的外观三视图，因此又称为外观图（图5-3）。这类图纸要求能够精确表现家具的外观形态，有时也会在同一张图纸上以局部剖视的画法表现家具重点部位的接合方式。为了便于读图，设计图中有时也配有用透视或轴测画法表现的立体图。

设计图是家具设计过程中最为重要的图纸，需要反复比对，用心推敲，再行确定。后期用于生产的结构装配图、零部件图等都是以此为依据绘制的，一旦设计图出现变动，则后续的工作很可能都要推翻重做。

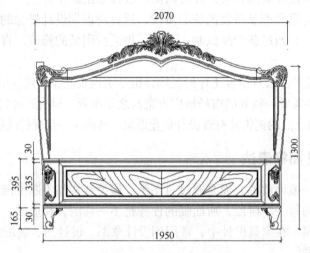

图5-3　家具设计图（外观图）

3. 家具结构装配图

结构装配图是用于生产加工的图纸，要求能够全面表达产品的结构及零部件间的装配关系、技术要求等。装配图多采用节点图或剖面图的形式，以便于清晰表达产品的内部结构及细节尺寸。装配图不仅是加工的依据，还是零部件加工完成后产品组装的主要依据。如图5-4所示为椅子座面的结构装配图，从图中可以看出座面芯板以四面开槽的方式插入座面框，在座面留下了2mm宽的伸缩缝，给实木座芯板的干缩湿胀留下空间。

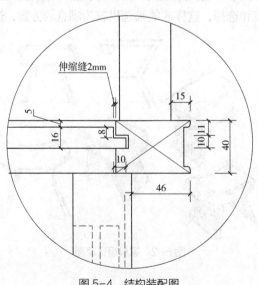

图5-4　结构装配图

4. 家具部件图

家具部件图是介于装配图与零件图之间的图样。部件是由两个以上零件构成，具有一定功能的构件，如家具产品中的抽屉、门、座面板等。部件图中，用于相关连接装配的尺寸不能出错或遗漏，否则就会影响装配。如图 5-5 所示，为板式家具中抽盒部件图，通常抽盒可作为标准部件，配上各种抽面，就能形成多样的外观变化。在这张部件图中可以看出，抽盒是由前后板、抽旁板、底板三种板件构成，底板是通过四面开槽的方式插入抽盒框中的。部件图中不仅反映出零件的组成情况，还清楚地反映了装配方法。

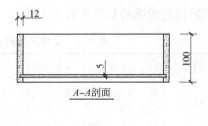
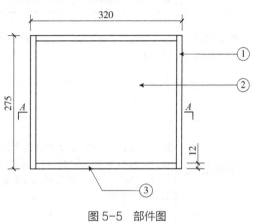

图 5-5　部件图

5. 家具零件图

零件是产品的最小组成单位，不可再拆分，如家具中的腿足、横枨、望板等。零件图就是用于加工这些零件的图纸，除了要标注具体的加工尺寸外，还要在图中说明工艺技术要求以及加工注意事项等。图 5-6 所示为座面芯板，除了标明具体的加工参数外，还用一组箭头表明了木材纹理方向。

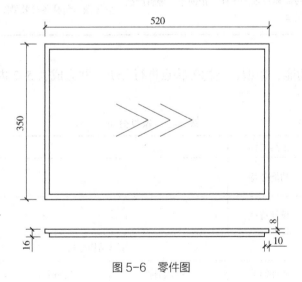

图 5-6　零件图

6. 家具大样图

当加工曲线或异形零部件时，为了满足加工需要，将这些零件按实际大小绘出，来制作样板，这就是大样图。在现在的设计生产中，一般采用 CAD 软件，按实际尺寸绘出曲形或异形零件，再以 1∶1 比例出图，用于模板的加工。如果设备的自动化程度较高，则直接根据电子图纸加工零件，连制作模板的工序都可省去。

需要说明的是，图样选用的种类和数量是由家具产品设计或生产的实际情况决定的，不同阶段应合理选择视图与图样，原则上是以最少的图纸量满足工作的需要。家具产品研发不同阶段对图纸的要求见表 5-1。

表 5-1 家具产品研发各阶段的工作任务与图样要求

设计阶段	工作任务	适用图样类型与要求
前期调研与分析阶段	这一阶段的主要任务是通过对市场同类产品进行深度对比分析，确定产品设计目标。一般根据产品的使用环境、使用功能等绘制定性草图	多采用草图，一般以透视画法为主，表现方法可较为随意
产品定位与构思阶段	这一阶段需要初步拟定设计方案并有效阐释设计理念	多采用概念草图、结构草图等，可用立体、平面、剖视等画法，产品的主要尺寸要在图中明确标注，有些重要节点的结构形式也要表达清楚
设计执行阶段	这一阶段需要完整、精确地表达产品的各方面信息，包括外观、内部结构，还要通过打样、评审、修改等环节，最终确定用于批量生产的各类加工图纸	这一阶段涉及的图纸种类最多，且要求很高，主要包括以下： ①基本视图。以正投影原理绘制的三视图为主，准确表达产品的外观与功能尺寸 ②立体图。为了较为直观地表现产品形态，可用透视、轴测等画法绘制产品立体图，也可用计算机绘制产品的精细效果图 ③用于加工的各类图纸。这些图纸包括结构装配图、零部件图、大样图等，采用正投影原理绘制
营销推广阶段	这一阶段需要直观的图样，帮助用户理解产品并实现销售	立体图，包括各类效果图、广告、产品手册等

【任务实施】

对这件家具的功能、造型、结构等特点进行分析，并完成表 5-2 内容的填写。

表 5-2 家具分析

（家具图片）	家具名称			
	功能分特			
	设计特色			
	家具结构分析			
	零件标号	零件名称	部件标号	部件名称
	零件1		部件1	
	零件2		部件2	
	……		……	

【课后练习】
1. 简述家具结构装配图和家具零件图的概念。
2. 简述部件与零件的区别。
3. 简述图样选用的原则。

任务二　理解家具结构设计制图规范

【学习目标】

▶▶知识目标
1. 掌握家具制图标准中的相关规定。
2. 掌握 AutoCAD 绘图环境设置方法。
3. 了解家具设计图纸中尺寸的种类，并熟练掌握各类尺寸的标注方法。
4. 掌握榫结合与连接件的图纸表达方法。
5. 掌握家具材料的剖面符号与图例画法。

▶▶能力目标
1. 能够遵循家具制图标准，完成较为规范地绘制设计图纸。
2. 能够正确、规范地完成各类尺寸的标注。
3. 能够正确表达各类榫卯与连接件的结合形式。
4. 能够正确表达家具剖面图中的材料符号。

【工作任务】
使用 CAD 软件，设置图层，绘制标题栏、各种线性并临摹各类孔的标注。

【知识准备】
早在 1991 年，轻工业部就颁布了《家具制图》（QB/T 1338—1991），在其实行的 20 年间，为我国家具产业的图形信息交流作出了重要贡献。但随着家具产业的不断发展以及基础制图标准的更新，原家具制图标准已不能适应现在的需求。所以 2013 年 3 月 1 日颁布了新的《家具制图》（QB/T 1338—2012），代替了原标准。在新标准中，强调以计算机辅助制图为主，利用计算机辅助制图的便捷性，增加了相关制图规范。

一、图纸幅面与标题栏

1. 图纸幅面

在家具制图中，受限于工厂的办公条件，为方便出图，多采用 A4 或 A3 幅面。如需按实物大小放样，且放样图纸大于标准图纸幅面，则用 CAD 软件绘制完成后，按 1∶1 的比例分段打印，再将打印出的图纸拼接起来，得到完整的放样图。

2. 标题栏

家具图纸的标题栏一般位于图纸右下角，包含图纸名称、产品基本情况、图纸更改记录等信息。在市场上也可见到位于右侧的竖向标题栏，这种情况一般是制图者为了获得更大的绘图面积，从而压缩标题栏幅面，但这可能造成图纸信息的缺失，这种图纸多用于定制家具产品的销售，起到用图纸语言向客户详尽描述产品及作为加工依据的作用。但批量加工的家具产品，还是应根据家具制图标准，采用规范的标题栏，图 5-7 是家具图纸标题栏的一种样式。

图 5-7 家具图纸标题栏样式

二、CAD 绘图环境设置与应用

家具设计中的平面图纸一般采用 AutoCAD 软件进行绘制，在制图前，应根据行业标准，对绘图环境进行设置，并另存为".DWT"文件，便于在以后的绘图工作中使用。

1. 图线设置及其应用

家具制图中的各种图线线型、宽度、画法及其常规应用情况见表 5-3。

在运用 AutoCAD 软件进行绘图时，相关图线应分层设置，便于后期图纸的管理。图 5-8 是家具制图中常用图线的分层设置情况，其中线宽的具体数值一般可设置为 0.18mm、0.25mm、0.3mm、0.35mm、0.5mm、0.7mm、1mm、1.4mm、2mm。

表 5-3 图线及其应用

图线名称	线型	线宽	一般应用	屏幕颜色
实线	———————	B（0.3~1mm）	①家具基本视图中的可见轮廓线； ②局部详图索引标志	蓝色
粗实线	━━━━━━	(1.5~2B)	①剖切符号； ②局部结构详图标志； ③局部结构详图可见轮廓线； ④图框线及标题栏外框线	白色
细实线	———————	B/3 或更细	①尺寸线及尺寸界线； ②各种人造板、成型空芯板的内轮廓线； ③局部结构详图中，榫头端部断面表示用线； ④局部结构详图中，连接件轮廓线； ⑤小圆中心线、简化画法表示连接件位置线； ⑥表格的分格线	绿色
波浪线	～～～～～	B/3 或更细	①假想断开线； ②回转体断开线； ③局部剖视分界线	绿色

（续）

图线名称	线型	线宽	一般应用	屏幕颜色
折断线	～	B/3 或更细	①假想断开线； ②阶梯剖视分界线	绿色
虚线	----------	B/3 或更细	不可见轮廓线，包括玻璃等透明材料后面的轮廓线	黄色
点划线	— · — · —	B/3 或更细	①对称中心线； ②半剖视分界线； ③回转体轴线	红色
双点划线	— ·· — ·· —	B/3 或更细	假想轮廓线	粉红色

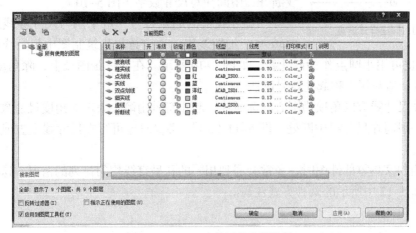

图 5-8　CAD 中线型的分层设置

2. 字体设置及其应用

家具制图中，通常汉字采用长仿宋体，可通过调整 CAD 中"文字样式"对话框的"宽度比例"参数得到长仿宋体（图 5-9）。数字和字母有正体和斜体两种形式，斜体字头向倾斜，其角度与水平线呈 75°。

图 5-9　文字样式设置

字体高度系列为 1.8mm、2.5mm、3.5mm、5mm、7mm、10mm、14mm、20mm。但如果是手写，则数字字母高度不应小于 2.5mm，汉字高度不应小于 3.5mm。

三、尺寸标注

1. 家具图纸尺寸标注的注意事项

《家具制图》（QB/T 1338—2012）中关于尺寸标注有以下规定，在实际应用中需加以注意：

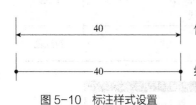

图 5-10　标注样式设置

①尺寸标注一律以毫米为单位，图纸上不必再注出单位名称。

②尺寸数字一般注写在尺寸线中部上方，也可将尺寸线断开，中间注写尺寸数字（图 5-10）。

③尺寸线上的起止符号，可采用与尺寸界线顺时针方向转 45° 细短线表示（注意与建筑制图中粗短线的起止符区别开），也可用小圆点作为起止符，如图 5-10 所示。在同一张图纸上，除角度、直径、半径尺寸外，应只用一种起止符号画法。

④角度尺寸线应以角顶为圆心的圆弧线，起止符号用箭头表示。角度尺寸数字一律水平书写，一般写在尺寸线中断处[图 5-11（a）]。必要时也可写在尺寸线上方或外面[图 5-11（b）]。

⑤在绘制家具零部件图时，经常会遇到相同的孔呈直线均匀排列的情况，这时其定位尺寸可按图 5-12 中所示的两种方式注写。

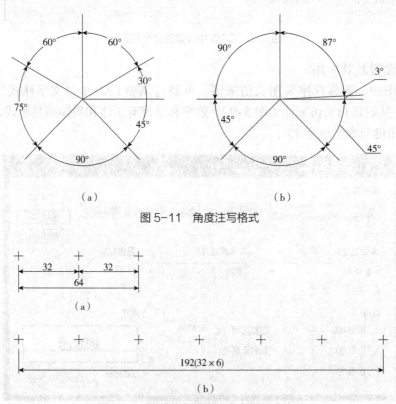

图 5-11　角度注写格式

图 5-12　直线均匀排列的孔定位尺寸标写

⑥圆和大于半圆的圆弧均标注直径。直径以符号"ϕ"表示，尺寸线指向圆弧线，起止符号用箭头画出（图5-13）。

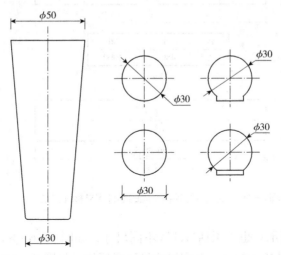

图5-13　直径注写格式

⑦半圆弧或小于半圆的圆弧均标注半径。当半径很大，又需注明圆心位置时，可将尺寸线画成折线，如图5-14（a）所示；若不需要标出圆心位置，则仍按一般标注方法，如图5-14（b）所示。

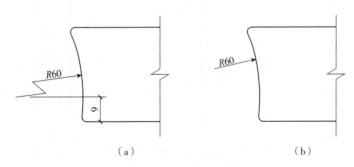

图5-14　较大半径圆弧的标注方法

⑧在画家具零部件图或细部线型时，有时会遇到倒角的处理。倒角在标注时，如果是45°则可一次引出标注，如图5-15（a）；如果是非45°，则应标出角度和长度，如图5-15（b）所示。

⑨当同一视图有不同规格时，可用相应字母表示尺寸代号，同时用表格列出不同尺

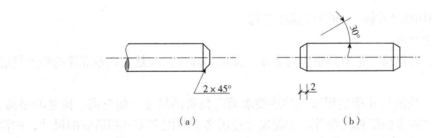

图5-15　倒角标注法

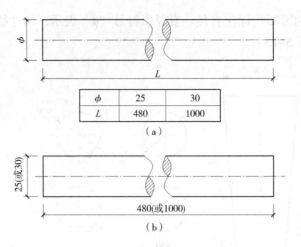

图 5-16 相同视图规格不同的零件尺寸标注方法

寸，如图 5-16（a）所示；也可用括号注写不同尺寸，如图 5-16（b）所示。

⑩在设计图中，供参考的尺寸，应以括号形式标注，如图 5-17 中，圆弧半径尺寸"R（1850）"就是参考尺寸。

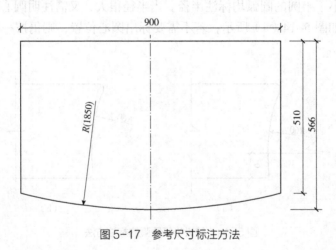

图 5-17 参考尺寸标注方法

⑪家具零部件图中，会有大量用于连接的孔位，孔的标注方法在《家具制图》中也是有明确规定的，见表 5-4。

⑫表示多层结构材料及规格时，可用一次引出线分格标注。分格线为水平线，文字说明的次序应与材料的层次一致，一般为由上到下［图 5-18（a）］、由左到右［图 5-18（b）］。

2. 家具图纸中的尺寸标注种类与基准选择

（1）家具尺寸种类

①外形尺寸。外形尺寸指家具整体的宽度、深度与高度，或是家具零部件的最大轮廓尺寸。

②功能尺寸。功能尺寸指实现家具功能要求而需具备的尺寸，如桌高、椅凳的座高、柜类家具满足置物需求的层板间距等。功能尺寸还需考虑与配套家具相适应的尺寸，如椅子的座高与配套桌子的高度是否合适，直接影响家具使用的舒适性。

表 5-4 孔的标注

类型	旁注法		普通标注法
不贯通圆孔	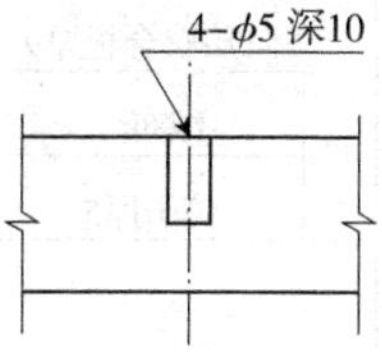 4-φ5 深10	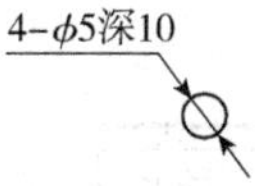 4-φ5深10	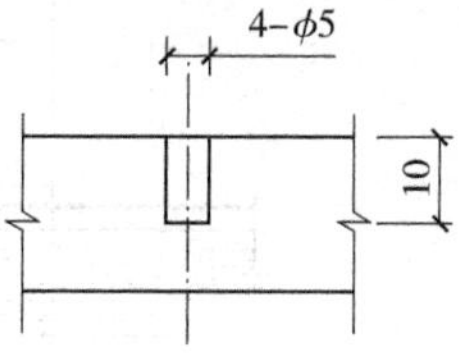 4-φ5, 10
贯通圆孔	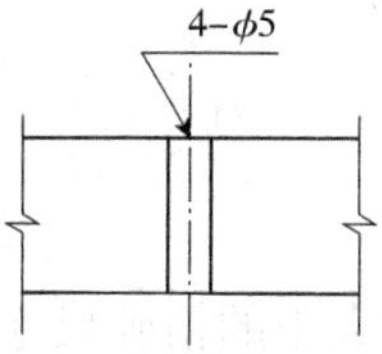 4-φ5	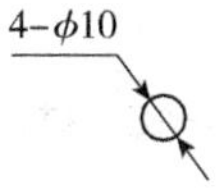 4-φ10	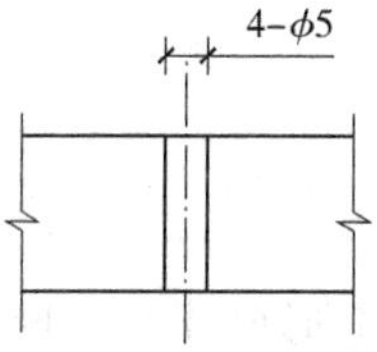 4-φ5
沉头孔	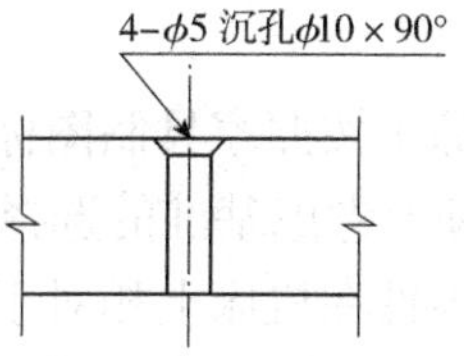 4-φ5 沉孔φ10×90°	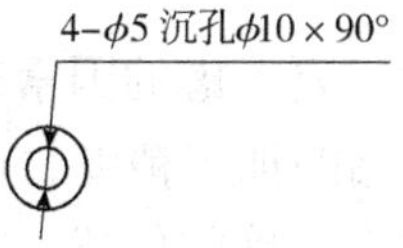 4-φ5 沉孔φ10×90°	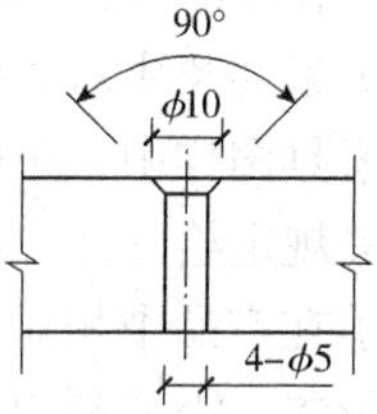 90°, φ10, 4-φ5
沉头孔	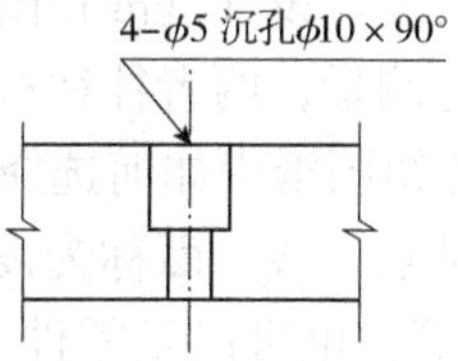 4-φ5 沉孔φ10×90°	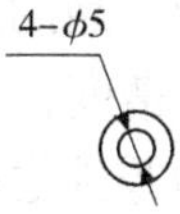 4-φ5	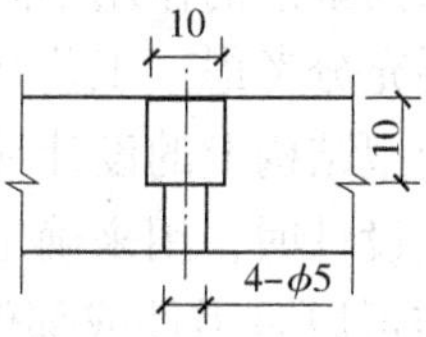 10, 10, 4-φ5
方孔	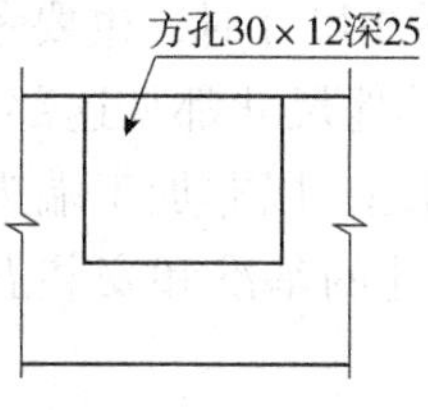 方孔30×12深25	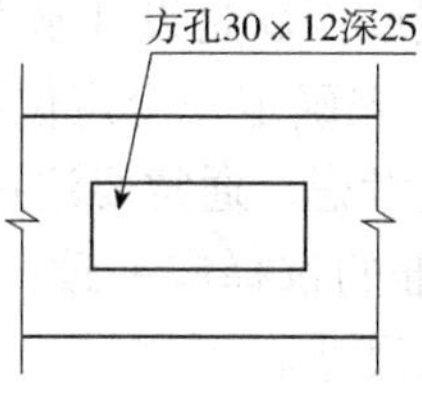 方孔30×12深25	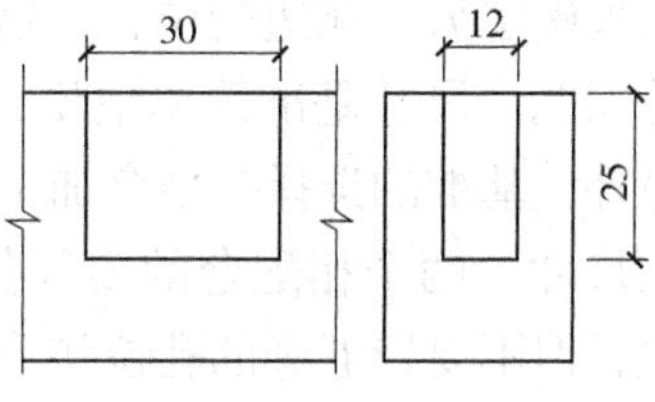 30, 12, 25
圆弧孔	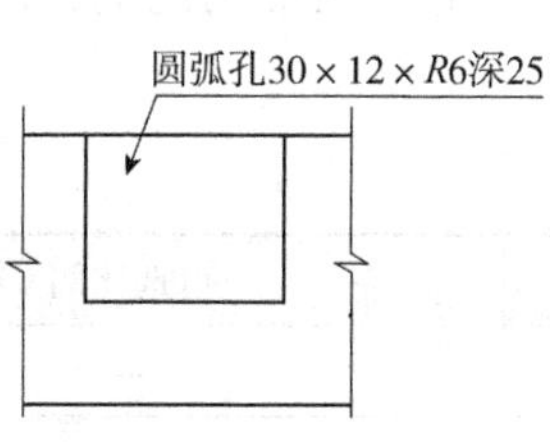 圆弧孔30×12×R6深25	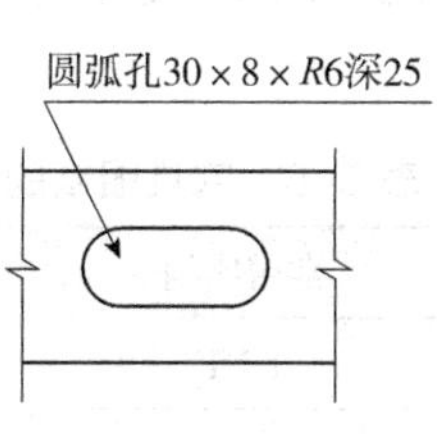 圆弧孔30×8×R6深25	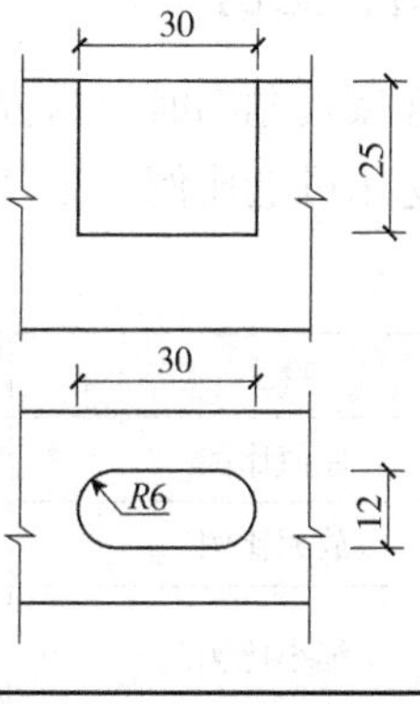 30, 25, 30, R6, 12

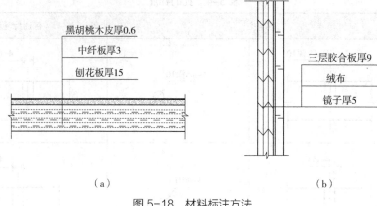

图 5-18　材料标注方法

③定形尺寸。定形尺寸也称为大小尺寸，指各部分形状大小的精确尺寸，如零件的断面尺寸、孔眼的直径与深度等。

（2）家具尺寸基准的选择

在家具图样中，正确标注尺寸，要考虑的因素很多。除了按照家具制图标准中尺寸标注的相关规定绘图外，还要确保产品的加工精度，这就必须要考虑基准的选择问题。

为了在产品中相对其他零部件有正确的位置，或是使零件在机床上相对于刀具有一个正确的位置，需要利用一些点、线、面来定位。这些起到定位作用的点、线、面就称为基准。根据基准的作用不同，可分为设计基准和工艺基准两大类。设计基准在图纸绘制的过程中要充分考虑，工艺基准则主要用于产品的加工、装配与测量，两者往往有着内在的联系，造型结构上的设计常常影响加工的精度，本教材主要介绍图纸中如何选择标注基准。

在设计时，用来确定产品中零件与零件之间相对位置的点、线、面称为设计基准。设计基准可以是零件或部件上的几何点、线、面，如轴心线等，也可以是零件上的实际点、线、面，即实际的一个面或一条边。在设计一件家具或零件时，可以用对称轴线或一侧的边来确定另一侧边的位置，这些线或面就是设计基准。在标注尺寸时，也要考虑尺寸基准的问题。尺寸基准简单地说，就是先确定一个定位尺寸，其他尺寸都从这部分开始算起。另外，基准的选择要结合加工工艺考虑，通常要注意以下问题：以非加工端为基准标注定位尺寸；两个相配合的零部件基准的选择应一致；定位尺寸的基准和安装五金的要求有关，但不要以五金的孔位作为定位尺寸。

四、比例

在家具制图时，为方便加工图纸与实际尺寸的换算，一般选用常用比例，但在必要时也可选用可选比例，见表 5-5。

表 5-5　家具图纸的比例

种类	常用比例	可选比例
原值比例	1∶1	—
放大比例	2∶1、4∶1、5∶1	1.5∶1、2.5∶1
缩小比例	1∶2、1∶5、1∶10	1∶3、1∶4、1∶6、1∶8、1∶15、1∶20

在标注图纸比例时，应注意以下几点：

①绘制各视图时，应采用相同比例，当某一视图比例不一致时，应另行标注。

②局部结构详图与基本视图比例不一致时，应单独标注，其比例标在局部结构详图的标注圆右边的水平细实线上方，如图5-19所示。

③视图相同，仅尺寸不同的零部件图，可以不标注比例。

④当图纸上的两条平行线之间的距离小于0.7mm时，可不按比例而略加夸大画出。

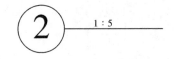

图5-19　局部结构详图比例标注

【任务实施】

（1）按照家具制图标准设置CAD绘图环境，图纸要分层绘制。

（2）以A4图纸框为参照，设定合理的比例，并完成图纸框相关内容的填写。要求线型使用正确，标注完整，标注字体大小适宜。

【课后练习】

1. 简述粗实线的应用场合。
2. 简述实线的应用场合。
3. 简述细实线的应用场合。

项目二 家具结构制图实践

在学习了家具制图规范的基础上，运用所学知识及掌握的技能进行家具全套加工图纸进行绘制。

任务一 掌握榫结合和连接件画法

【学习目标】

>>知识目标

1. 掌握榫结合与连接件的图纸表达方法。
2. 掌握家具材料的剖面符号与图例画法。

>>能力目标

1. 能够正确表达各类榫卯与连接件的结合形式。
2. 能够正确表达家具剖面图中的材料符号。

【工作任务】

使用 CAD 软件，临摹图 5-20 中方凳三视图。

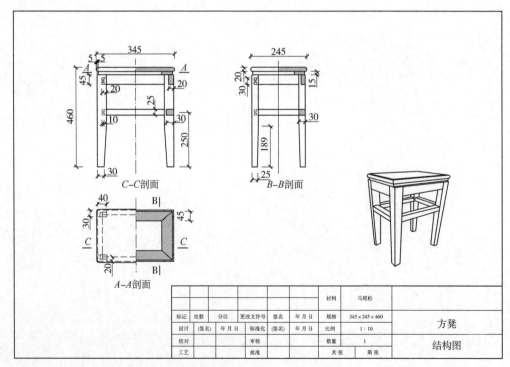

图 5-20 方凳结构图

【知识准备】

一、榫接合与连接件的画法

1. 榫接合

榫接合是指榫头嵌入榫眼或榫槽的接合方式（图5-21）。榫接合可以分为榫头和榫眼两部分。一般沿木材顺纹方向出榫头，木材的纵切面上开榫眼，榫头与榫眼相配合。

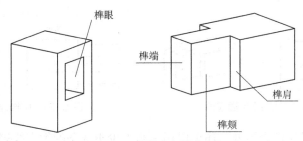

图5-21 榫接合各部分名称

接合时通常需要施胶，这是木质家具结构中应用广泛的一种连接方式，在家具制图标准中有以下特殊规定。

①在表示榫头断面的图形上，无论剖视或视图，榫头横断面均应涂成淡墨色，以显示榫头端面形状、类型和大小。

图5-22是双面切肩闭口不贯通单榫的画法。以榫头的贯通或不贯通来分，榫接合有明榫与暗榫之分。暗榫是为了家具表面不外露榫头以增加美观；明榫则因榫头暴露于外表而影响装饰质量，但明榫的强度比暗榫大，所以受力大的结构和非透明涂饰的制品多用明榫。

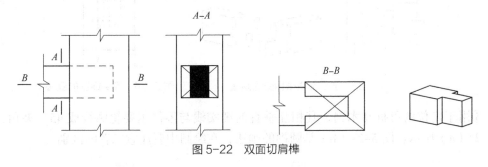

图5-22 双面切肩榫

图5-23为闭口不贯通双榫的画法。如果出榫头的零件断面尺寸较大，则可以出多个榫头，以增加接合面，提高接合强度。

图5-24是圆榫连接的画法。圆榫又称为圆棒榫或木销，是插入榫的一种。相对于整体榫而言，插入榫与方材不是一个整体，它是单独加工后再装入方材的预制孔或槽中。圆榫主要用于板式家具的定位与接合，为了提高接合强度和防止零件扭动，采用圆榫接合时常用两个或多个榫头，这样也有利于提高接合强度。

图5-25所示为横枨在腿足部相交的画法。两侧的横枨在同一平面上相交于腿足部的一点，横枨上的榫头各切去一块，相互搭接，这样既避免了榫头在位置上的冲突，又获得了更多的接合面积。

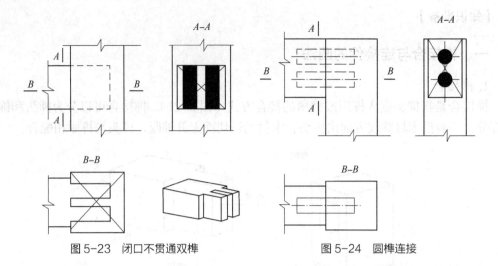

图 5-23　闭口不贯通双榫　　　图 5-24　圆榫连接

②榫头端面除了涂色表示外，还可以用一组不少于 3 条的细实线表示。榫端面的细实线应画成平行于长边的长线，如图 5-26 所示。另外，无论用涂色还是用细实线表示榫头端面，木材的剖面符号应尽可能用相交细实线，不用纹理表示，以保持图形清晰。

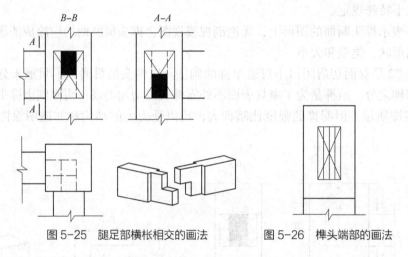

图 5-25　腿足部横枨相交的画法　　　图 5-26　榫头端部的画法

③用于定位的可拆卸木销，其相互垂直的细实线与零件主要轮廓线成 45° 夹角，如图 5-27（a）所示。图 5-27（b）是圆榫的画法，在绘制中要注意二者的区别。

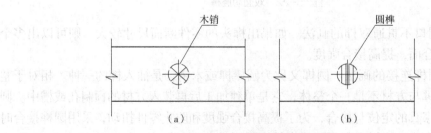

图 5-27　木销与圆榫的画法

2. 家具常用连接件连接方式的画法

家具上一些常用连接件，如木螺钉、圆钢钉、镀锌螺栓等，在家具制图标准中都规定了其特定的画法，见表 5-6。

表 5-6　家具常用连接件连接方式的画法

连接方式	实物图片	视图画法
圆钉	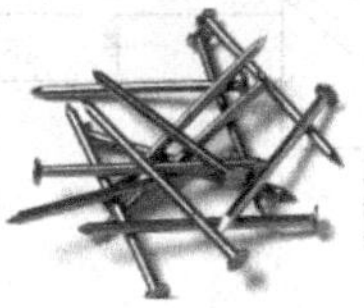	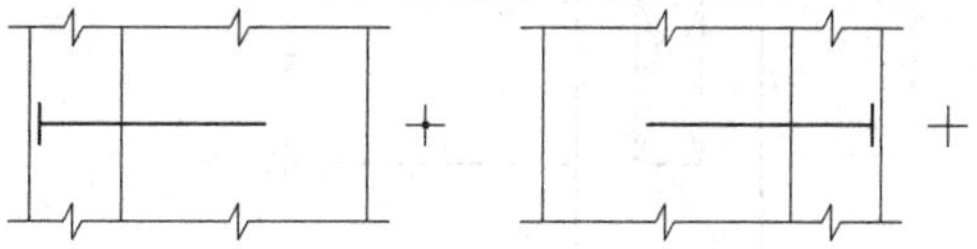
木螺丝		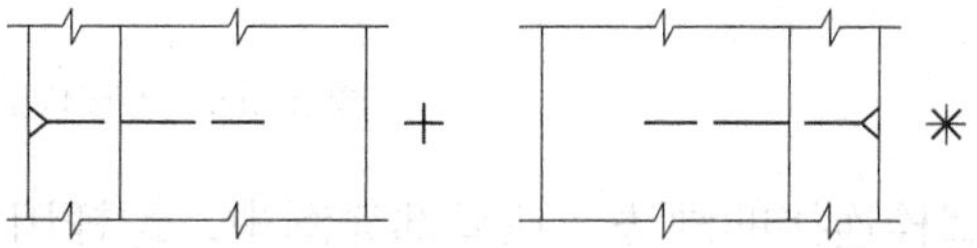 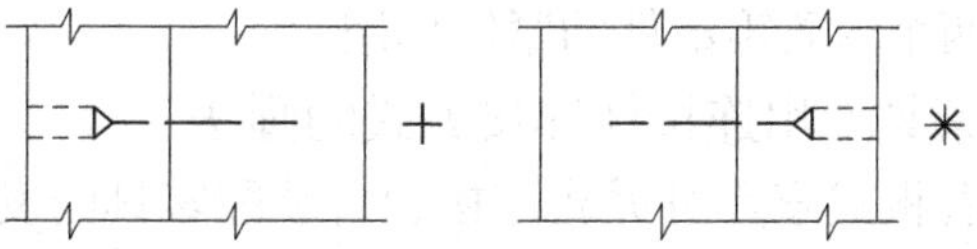
螺栓		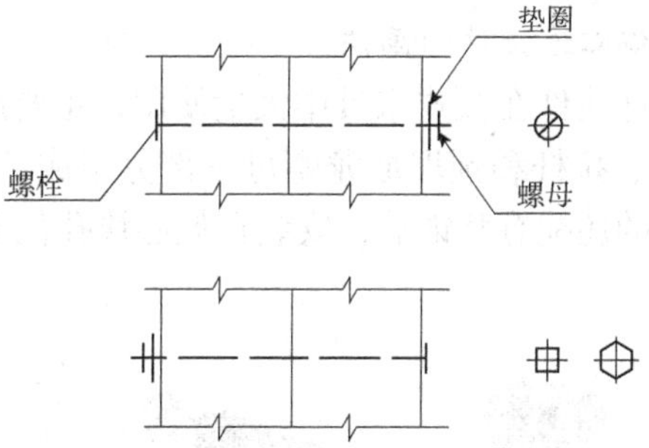

①圆钉连接的画法。在局部详图中，钉头和钉身用粗实线表示。主视图上，表示钉头的粗实线画在木材零件轮廓线内部，左视图上钉头的视图是十字细线，十字中心有一小黑点，反方向则只画十字细线以定位。在家具连接中，圆钉连接只起辅助作用，其接合强度不大，且易失效。

②木螺钉连接的画法。在局部详图中，钉身用粗虚线表示，钉头用45°粗实线三角形表示，钉头的左视图为十字粗线，相反方向视图是45°相交的两短粗实线，同时还画出十字细线作定位之用。下图是木螺钉的沉头安装法，主要用于连接较厚的木材零件。木螺钉连接是家具中常用的一种极为简便的连接方式，为防止木质零件开裂，通常先打预导孔，再在木螺钉上涂上白乳胶拧入，可获得较高的连接强度。

连接件在基本视图上，还可以用细线表示其位置，并用带箭头的引线注明名称、规格或代号。如图 5-28 所示为木螺钉的简化画法，其中（a）中以细线表示斜拧进去的螺钉；（b）中用十字细线，表示在拉条下方，拧入用于连接桌面的螺钉。标注引线上方的文字"木螺钉 GB100-86 4×30"，表示采用的连接件是开槽沉头木螺钉，其直径为 4mm，长度为 30mm。

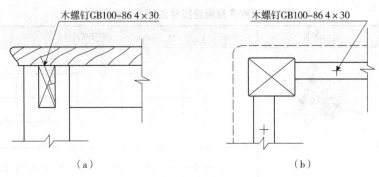

图 5-28 连接件的简化画法

③螺栓连接的画法。在局部详图中，螺杆用粗虚线表示，螺栓头是与螺杆端部相垂直的不出头的粗短线，螺杆另一侧的两根粗短线，长者为垫圈，短者为螺母。螺栓连接主要起到对两个木质零部件的紧固作用。

3. 家具专用连接件连接方式的画法

随着板式家具可拆装连接和自装配家具的发展，家具专用连接件的使用越来越广泛。这里着重介绍家具制图标准中作出明确规定的几种常用连接件的画法，对于层出不穷的各类新型家具连接五金，可以参照已有画法进行绘制。

（1）偏心连接件的画法

偏心连接件在板式家具中大量使用，主要用于板件的垂直连接。其主要由连接件主体即偏心块、拉杆和预埋尼龙螺母三部分组成，所以又俗称"三合一"连接件，如图 5-29 所示。有的还配有装饰盖，安装在偏心块孔位上，以呈现更好的表面效果。

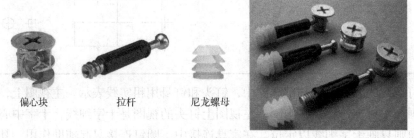

图 5-29 偏心连接件的组成

偏心连接件在家具制图标准中有其规定的简化画法，图 5-30 就是带装饰盖的螺栓偏心连接件的基本视图的画法。但需说明的是，一般情况下，只是在零部件图中绘出安装的孔位图。

（2）杯状暗铰链的画法

杯状铰链主要用于家具门板的安装，其主要由铰杯和铰座两部分构成，铰杯安装在门板上，铰座安装在柜体侧板上。根据门与柜体的位置关系，铰链可以分为三大类（图5-31）。

全盖门铰，又称直臂铰链，用于门板覆盖住柜体旁板大部分的情况下；半盖门铰，又称小曲臂铰链，用于门板覆盖柜体侧板一半的情况下，如两扇相邻门板共用一块侧板时；内嵌门铰，又称大曲臂铰链，用于门板内嵌的情况。

图 5-30 偏心连接件的画法

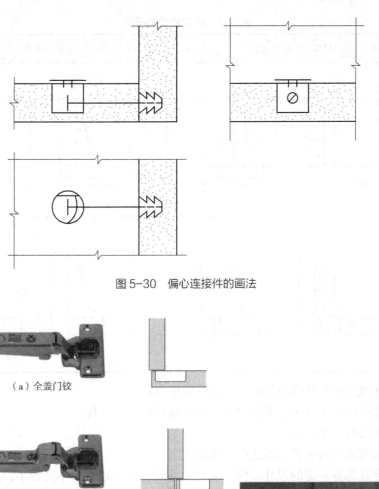

图 5-31 家具门铰链的类型

在家具制图标准中，铰链画法的相关示例见表 5-7。

表 5-7 略去的半盖门铰示例，其铰臂曲度介于全盖门铰和内嵌门铰之间。

（3）常用螺栓连接的画法

螺栓连接是可拆卸连接中使用最为普遍的一种连接方式。在表 5-6 中所示螺纹的画法都被简化成了粗虚线，这只在家具制图这一范围内适用，其实螺纹件是有其规定的画法的。

①螺纹的基本知识。

外螺纹：指在零件外表面的螺纹，如螺钉、螺栓上的螺纹，如图 5-32（a）所示。

内螺纹：指在零件内表面的螺纹，如螺母、螺孔中的螺纹，如图 5-32（b）所示。

表 5-7 杯状暗铰链画法

类型	局部结构详图画法		视图画法	
全盖门铰				
内嵌门铰				

牙型：在通过螺纹轴线的剖面上得到的轮廓形状。

大径：螺纹的最大直径，通常用大径表示螺纹的公称直径。

小径：螺纹的最小直径。

螺距：螺纹相邻两牙对应点之间的轴向距离。

螺距和小径都有一定的尺寸。同一大径尺寸时，螺距较大而小径较小，则是粗牙普通螺纹；同一大径尺寸时，螺距较小而小径较大，则是细牙普通螺纹。家具连接件中多用细牙普通螺纹。

内外螺纹要求大径、小径、牙型、螺距等都相同才能相互旋合。

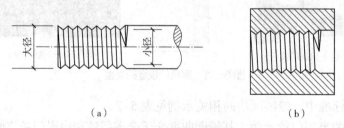

图 5-32 外螺纹与内螺纹

②螺纹的画法。外螺纹大径及螺纹的终止线用粗实线表示，小径用细实线表示。在平行于螺杆轴线的投影面的视图中，螺杆的倒角或倒圆部分也应画出。在垂直于螺纹轴线的投影面的视图中，表示牙底的细实线只画约 3/4 圆弧（图 5-33）。

画内螺纹时一般都取剖视状。这时小径及螺纹的终止线用粗实线表示，大径用细实线表示。在垂直于螺纹轴线的投影面的视图中，小径为粗实线圆，大径用细实线画成 3/4 圆弧（图 5-34）。

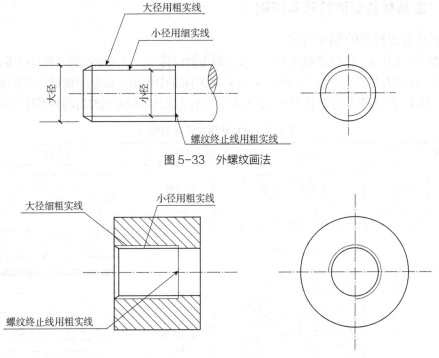

图 5-33 外螺纹画法

图 5-34 内螺纹画法

③家具常用螺栓螺母连接件的画法。螺母是一种紧固用零件，多与螺杆或螺栓配用，普通螺母多为内螺纹，拧在螺栓上紧固工件。内外牙螺母又称家具预埋螺母，一端具有外螺纹，一端具有内螺纹，预先埋入工件中，再拧入螺栓，作用相当于圆棒榫接合，但可拆卸，只是家具表面可见螺栓端面。图 5-35 是家具中常用螺栓内外牙螺母连接的画法，图中（a）为六角螺栓内外牙螺母连接件连接；（b）为十字平头螺栓内外牙螺母连接件连接；（c）为一字平头螺栓内外牙螺母连接件连接；（d）为内六角螺栓内外牙螺母连接件连接。

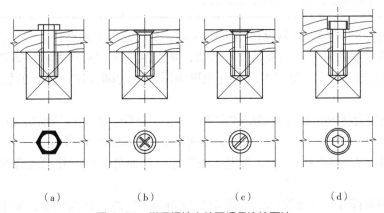

图 5-35 常用螺栓内外牙螺母连接画法

二、家具材料剖面符号与图例

1. 家具常用材料的剖面符号

绘制家具或其零、部件剖视图时,一般应画出剖面符号,以表示被剖切家具或零、部件材料的类别。常用的材料剖面符号画法,在家具制图标准中作出了详尽的规定。需要注意的是,剖面符号用线(剖面线)均为细实线。表5-8中列出了家具中最常用材料的剖面符号画法。

表 5-8 家具常用材料剖面符号

材料		剖面符号	材料	剖面符号
木材	横材 方材		纤维板	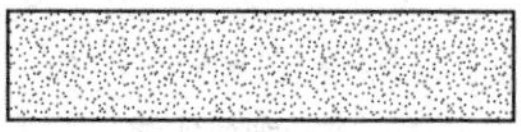
	板材		金属	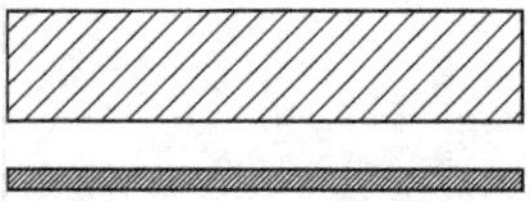
	纵剖 			
胶合板			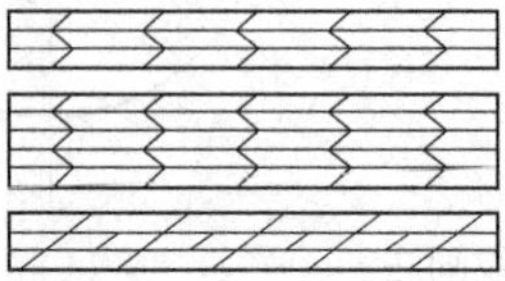 塑料 有机玻璃 橡胶	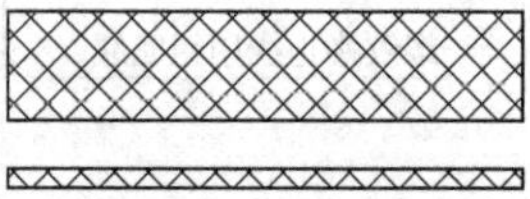
刨花板			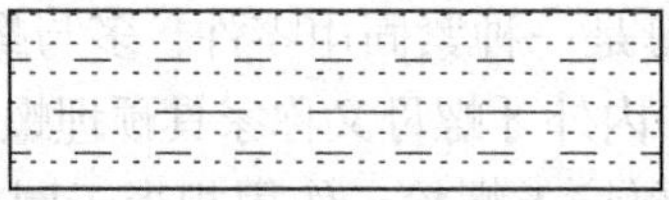 软质填充料	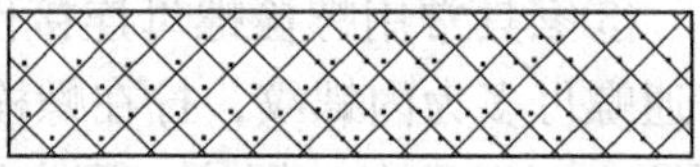
细木工板	横剖	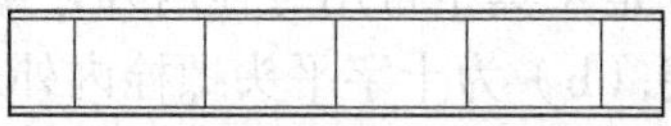	砖石料	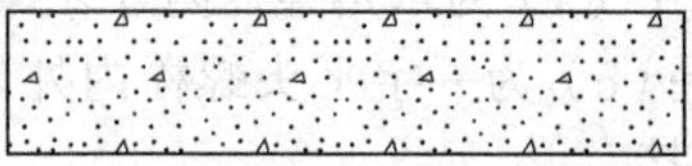
	纵剖 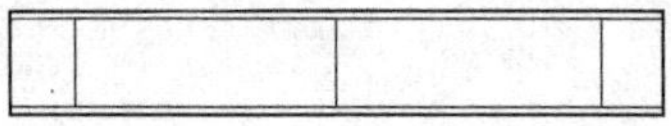			

在绘制表 5-8 中家具常用材料的剖面符号时,要注意以下几点:

①木材横剖面的符号,如果是方材的话,则以两直线相交来表示,如果是板材,则不能用相交直线。在基本视图中,为避免影响图面的清晰,往往木材的纵剖面符号可省略。

②在绘制胶合板时,胶合板的层数应用文字加以注明。剖面符号细实线倾斜方向与主要轮廓线呈30°。另外,如果板面很薄,在视图中可不画剖面符号。

③如果基材表面有贴面材料,在基本视图中,贴面部分可与轮廓线合并,不必单独表示。

④金属剖面符号与主要轮廓线应成45°倾斜的细实线。在视图中,如果金属的厚度不大于2mm时,应将剖面涂黑。

2. 家具常用辅材的图例与剖面符号

家具中的玻璃、镜子等常用辅材,在视中可画出图例,以表示其材料,画法见表5-9。

表 5-9 家具常用辅材图例与剖面符号

名称	图例	剖面符号
玻璃		
镜子		
弹簧		
空心板		
竹、藤编		
网纱		

3. 材料纹理的表示方法

木材是一种天然材料，它不同于金属、玻璃等人造材料，其纤维方向不同，它的表面纹理及各项物理特性等，都会发生巨大的差异，所以在家具设计时，要充分考虑木材的纹理方向，并在图纸上加以标示，便于生产加工时合理选材。如图 5-36 所示，通过箭头表示木材或薄木拼花的木纹方向。

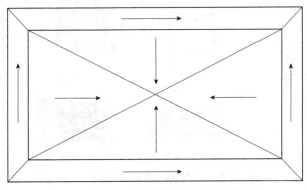

图 5-36 家具材料表面纹理方向的表示

【任务实施】

（1）按照家具制图标准设置 CAD 绘图环境，图纸要分层绘制。

（2）线型使用正确，标注完整，标注字体大小适宜。

（3）以 A4 图纸框为参照，设定合理的比例，并完成图纸框相关内容的填写。

【课后练习】

1. 简述如何合理确定尺寸基准。
2. 简述标注图纸比例时的注意事项。
3. 简述绘制家具常用材料剖面符号时的注意事项。

任务二　家具结构设计制图实践

【学习目标】

>>知识目标

掌握家具结构分析方法。

>>能力目标

能够准确规范地完成家具全套加工图纸的绘制。

【工作任务】

在教师指导下，选取一件较为简单的实木家具，使用卷尺、游标卡等工具对其进行测量，取得数据后，绘制这件家具的外观图。

【知识准备】

一、示例家具的结构分析

在绘制家具加工图纸前，需要对实木家具、板式家具等基本的接合方式有一定的了解，如实木家具榫卯中的直榫形式、板式家具的偏心连接件应用等，这样在零部件图绘制时，才能正确完成榫头、榫眼或相关孔位的绘制。现以一款樟子松靠背椅为例，该椅造型挺拔，结构合理，工艺严谨，具有一定的代表性，如图 5-37 所示。

图 5-37　松木靠背椅的构成

1. 靠背椅的零部件构成

该椅子的零部件构成情况见表 5-10。

表 5-10　家具部分材料图例与剖面符号

类型	名称	数量	用途
部件	侧框	2	椅子的主要结构承力件
零件	坐面板	1	支承人体，并实现侧框的横向连接
零件	靠背横档	4	靠背的主要构件
零件	前拉条	1	对椅子起到加固作用
零件	后拉条	1	对椅子起到加固作用
连接件	螺栓（大）	4	连接侧框与前后拉条
连接件	螺栓（小）	2	连接侧框与靠背横档
连接件	螺钉	4	用于座面板与侧框托条的固定

2. 靠背椅的结构分析

实木家具的传统榫卯结构是固定式的，一般情况下不易拆卸。为了让家具便于仓储运输，这把松木靠背椅的结构设计成可拆装式。从图 5-38 中靠背椅的安装顺序图中可以看出，侧框部件是实现这把椅子拆装结构的核心构件。两片侧框通过横向构件如座面、前后拉条、靠背横档等的安装，实现了椅子的整体功能。这种拆装式结构设计，也使得实木椅子可以采用平板式包装，大大降低了仓储成本。

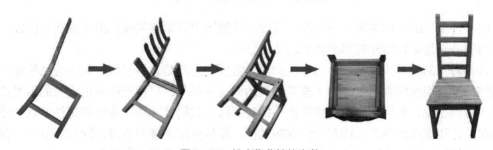

图 5-38　松木靠背椅的安装

二、外观图绘制

这套松木靠背椅的图纸是通过实物测绘的方式绘制而成的，用于示范实木家具加工图纸绘制方法。

在家具图纸中，最为重要的一张图纸就是外观视图。外观视图里不仅包含了这件家具的外观形态、功能尺度，还反映了这件家具的整体结构及主要的连接方式等。外观图绘制的正确与否，直接影响后面的零、部件图的绘制。在绘制这件松木靠背椅外观视图时（图 5-39）要注意以下几点：

①各个视图的位置要正确。三视图中，主视图、俯视图、左视图相互之间有着一一对应的关系，三个视图的位置摆放要正确，这样一则可以简化图纸绘制程序，二则也可以通过各个视图上尺寸的关联性去校验其正确性。

②外观图与剖视图合二为一。这件松木靠背椅是对称的，为了在一张视图上更为清晰

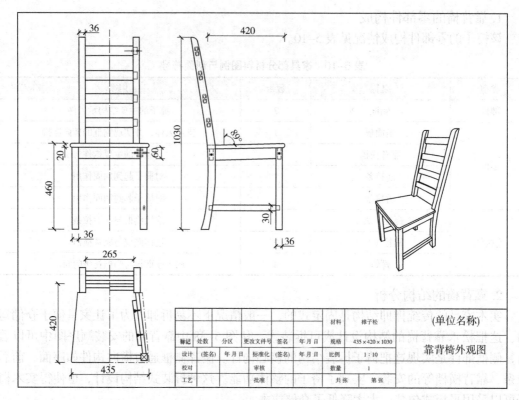

图 5-39　松木靠背椅的外观图

地反映整件家具的结构关系，所以在主视图、俯视图中以单点划线标出中轴线的位置，其左右两侧分别是家具的外观和剖切后的结构呈现。

③不可见的轮廓线或结构可用虚线画出。需要注意的是，不是每一处不可见轮廓线或隐藏结构都要用虚线画出来，为了避免外观图面过于混乱，只用虚线画出重要的不可见轮廓线，也就是说，如果不画出这些被遮挡的轮廓线，我们就无法正确理解这件家具的外观形态时，才用虚线画出来。而对于隐藏的结构，则尽量用剖视图表现，除非各节点比较分散，不能用同一剖面表达，才对其中重要的节点用虚线表现其接合关系。

④尺寸标注要简明、清晰。如果这是一套包含零、部件图的完整的家具加工图纸的话，则在外观图中只需标注家具的外观尺寸以及主要的功能尺度，因为加工所需的细节尺寸可以在配套的零、部件图中体现。但如果家具比较简单，只用一张外观视图就能满足加工需求的话，这就需要完整标注各类细节尺寸。

⑤后腿是一根异型件，其在俯视图上的形态是通过做一根 45°辅助线，根据等腰三角形两边相等的原理，在左视图上对应的位置拉出引线，然后在俯视图上推导出后腿的形态及靠背横档的位置。

这件松木靠背椅可用作餐椅，为提高其使用舒适性，座面向后倾斜，呈 1°~2°的倾角。这点在椅类设计中需要加以重视，现代椅类设计讲求人体工程学的运用，很少有呈水平的座面，往往根据椅子用途的不同，座面、座高、靠背倾角都会有一定的变化。

三、部件图绘制

部件是由两个及以上零件构成的具有一定功能性的构件。这把松木靠背椅中，侧框是

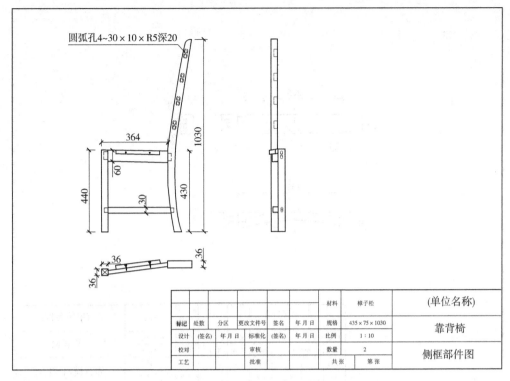

图 5-40　松木靠背椅的侧框部件图

整件家具的核心部件。它是由前腿、后腿、侧拉条、侧拉档、固定木条这五个零件构成，如图 5-40 所示。

绘图注意事项：

①因这把靠背椅座面是梯形的，为保证前、后腿的看面与主视面平行，侧拉条、侧档与腿足是斜接的。

②固定木条与侧拉条连接，在靠背椅安装时，从下方拧入螺钉，与座面相固定。这把椅子没有设计塞角，只是通过固定木条连接座面，与塞角相比，其受力后的稳定性是要稍逊一筹的。

③后腿上与靠背横档相连接的榫眼是椭圆形的，相较于传统的方榫眼而言，椭圆形榫眼更加符合现代木工设备的加工特性。

四、零件图绘制

零件是产品中不可拆分的最小构件，也是加工中的最基本单元。零件图必须准确、完整地反映这个零件在加工中所需的全部信息，如有需要特别说明的工艺要求，也可标注在图纸上。图 5-41、图 5-42 为这把松木椅的零件图绘制示范。

绘图注意事项：

①靠背横档上的榫头是由椭圆形榫开榫机直接加工出来，这种榫头加工精度高，与榫眼的配合度也很好。

②为增加靠背的舒适性，横档在设计时，在水平方向呈现一定的弧度，在绘制左视图时，要注意图面表达的准确性。工件的弧度可通过 1∶1 放样后，在带锯上锯解出来，也可将图纸转换成加工文件，直接在数控设备上加工出来。

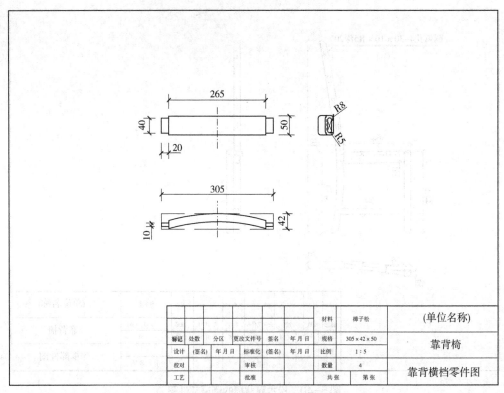

图 5-41　松木靠背椅的靠背横档零件图

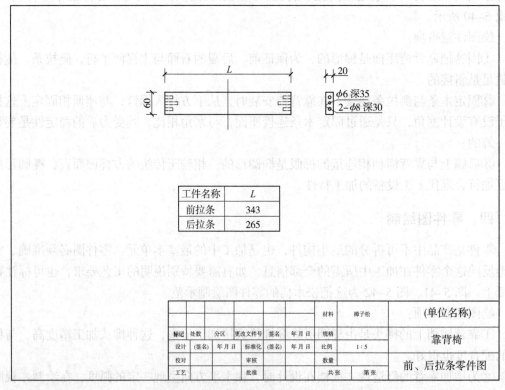

图 5-42　松木靠背椅的前、后拉条零件图

绘图注意事项：

①前、后拉条的形状相同，只是长度方向不同，因此在视图下方以表格的形式说明其各自的长度。

②零件端面有两种孔位，其中 $\phi 8$ 的孔位是放置圆棒榫的，这里的圆棒榫是起到安装时的定位作用；$\phi 6$ 的孔位是螺栓连接时的导引孔。

需要特别说明的是，家具图纸既是一种设计语言，在生产环节更是一种无声的加工指令，所以图纸的准确性要求非常高，往往一点小小的失误都会导致成品的严重错误。

【任务实施】

（1）家具实物测量数据要准确。

（2）按照家具制图标准设置 CAD 绘图环境，图纸要分层绘制。线型使用正确，标注完整，标注字体大小适宜。

（3）以半剖视的画法，在外观视图上表现家具内部结构。

（4）以 A4 图纸框为参照，设定合理的比例，并完成图纸框相关内容的填写。

（5）在完成所选家具外观视图绘制的基础上，将这件家具"拆解"开来（如这件家具是可拆装结构的话，就进行实物拆解；如果是固定结构，则可通过对零部件列表分析的方法进行"拆解"），并尝试进行零、部件图的绘制。

【课后练习】

1. 简述图 5-37 所示椅子的零、部件构成情况
2. 绘制图 5-37 所示椅子零、部件加工图。

参考文献

龙大军，冯昌信，2006. 家具设计 [M]. 北京：中国林业出版社.
顾炼百，2003. 木材加工工艺学 [M]. 北京：中国林业出版社.
关惠元，2007. 板式家具结构——32mm 系统及其应用 [J]. 家具，160（5）：16-24.
关惠元，2007. 板式家具结构——五金连接件及应用 [J]. 家具，159（4）：11-20.
胡景初，戴向东，1999. 家具设计概论 [M]. 北京：中国林业出版社.
江功南，2011. 家具制作图及其工艺文件 [M]. 北京：中国轻工业出版社.
江敬艳，2008. 家具设计 [M]. 长沙：湖南大学出版社.
江寿国，2009. 家具设计基础 [M]. 武汉：武汉大学出版社.
李婷，梅启毅，2016. 家具材料 [M]. 北京：中国林业出版社.
逯海勇，2008. 家具设计 [M]. 北京：中国电力出版社.
梅长彤，周晓燕，金菊婉，2019. 人造板工艺学 [M].3 版. 北京：中国林业出版社.
彭亮，胡景初，2003. 家具设计与工艺 [M]. 北京：高等教育出版社.
彭红，陆步云，2005. 家具木工识图 [M]. 北京：中国林业出版社.
彭亮，许柏鸣，2014. 家具设计与工艺 [M]. 北京：高等教育出版社.
任康丽，李梦玲，2011. 家具设计 [M]. 武汉：华中科技大学出版社.
隋震，吕在利，2008. 家具设计 [M]. 济南：黄河出版社.
唐开军，2000. 家具设计技术 [M]. 武汉：湖北科学技术出版社.
陶涛，陈星艳，高伟，2011. 软体家具制造工艺 [M]. 北京：化学工业出版社.
吴智慧，徐伟，2008. 软体家具制造工艺 [M]. 北京：中国林业出版社.
吴智慧，2007. 木质家具制造工艺学 [M]. 北京：中国林业出版社.
吴智慧，2012. 家具设计 [M]. 北京：中国林业出版社.
许柏鸣，2000. 家具设计 [M]. 北京：中国轻工业出版社.
杨中强，2009. 家具设计 [M]. 北京：机械工业出版社.
叶志远，王双科，邱尚周，2011.《家具制图》标准修订解析 [J]. 家具与室内装饰 (06)：18-19.
于伸，2004. 家具造型与结构设计 [M]. 哈尔滨：黑龙江科学技术出版社.
翟芸，2007. 家具设计 [M]. 合肥：合肥工业大学出版社.
张仲凤，张继娟，2012. 家具结构设计 [M]. 北京：机械工业出版社.